手绘草图是不完美的
　　——这是一本可以看到从不完美到完美过程的书

手绘草图是建筑设计师的灵魂
　　——这是一本讲述如何用草图表达设计构思的书

建筑设计师的成长都是由点滴开始
　　——这是一本可以看到建筑师自我成长历程的书

相对于完美和高大，过程的真实会给人更多的启发和力量！

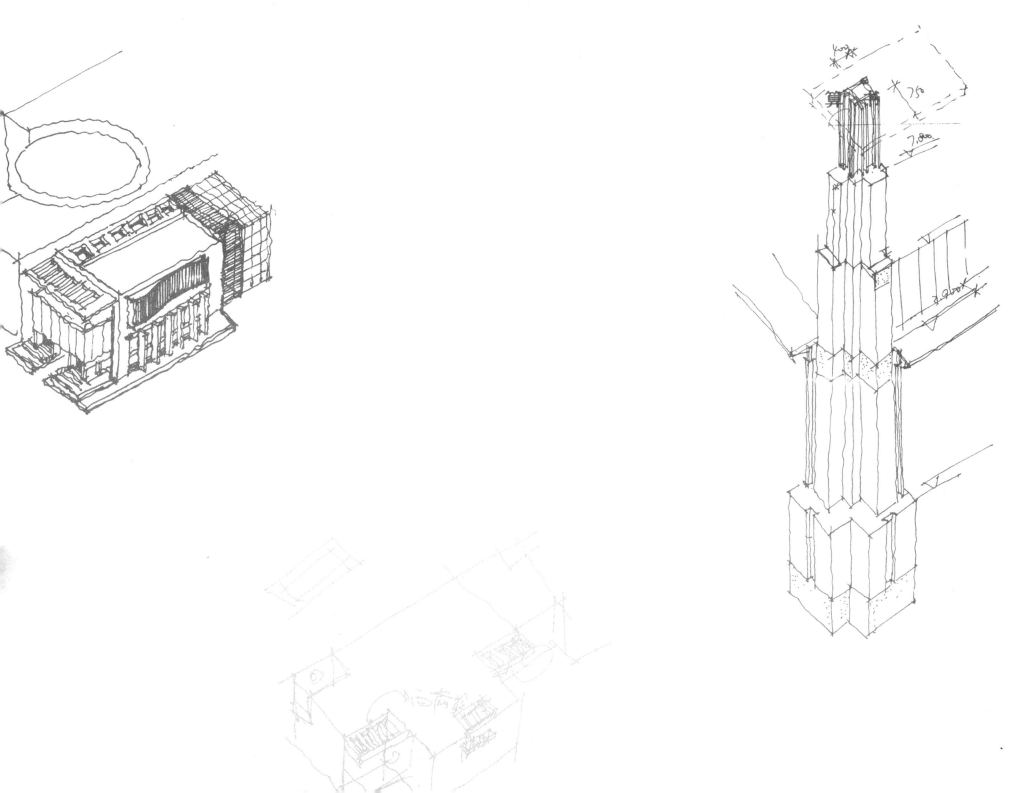

▶ 设计过程中的草图表达

# 建筑设计过程中的
# 草图表达

方程 张少峰 著

机械工业出版社
CHINA MACHINE PRESS

本书是作者将多年积累的建筑设计草图结合对完整设计过程的思考撰写而成。全书共分为七章，包括"重新认识建筑设计草图""建筑设计前期过程中的草图表达""建筑设计后期过程中的草图表达"以及各个类型的建筑设计草图表达案例。全书始终贯穿着一个观点，即首先要有目的地去画，在不同设计阶段手绘表达都要具有明确的目的性；其次是有方法地去画，建筑设计过程中要灵活地运用透视原理和三维空间思考能力不拘一格的表达；最后才是有技巧地去画，运用对阴影、配景、材质等要素的表现技巧强化设计主旨。

本书的最大特点是将设计过程中的阶段性草图完整地呈现给读者，真实地表达出设计师用草图这种工具推进设计向前发展的过程。本书将理论性、示范性和实用性相结合，适合建筑学专业学习者和建筑设计师参阅。

**图书在版编目（CIP）数据**

建筑设计过程中的草图表达 / 方程，张少峰著.—北京：机械工业出版社，2013.12
（设计过程中的草图表达）
ISBN 978-7-111-44620-0

Ⅰ.①建…　Ⅱ.①方…②张…　Ⅲ.①建筑设计—绘画技法　Ⅳ.①TU204

中国版本图书馆CIP数据核字（2013）第257546号

机械工业出版社（北京市百万庄大街22号　邮政编码100037）
策划编辑：宋晓磊　责任编辑：宋晓磊　林　静
版式设计：霍永明　责任校对：丁丽丽
封面设计：鞠　杨　责任印制：乔　宇
北京汇林印务有限公司印刷
2014年1月第1版第1次印刷
285mm×210mm·15.25印张·381千字
标准书号：ISBN 978-7-111- 44620 - 0
定价：54.00元

# 前　言

本书是写给执着于手绘创作并且仍不断努力中的建筑师和建筑专业学习者的。能够自如地画出一幅漂亮的手绘草图是建筑专业人士的永久情结，因为进入专业学习伊始，素描、色彩、速写、草图、快速设计这一系列专业训练都与手绘创作相关。但是，在漫长的课程学习以及自我培训过程中，有的人成功了，有的人却永久地失去了或者主动放弃了与手绘创作的机缘。这里的成功是指在任何场合都可以像开口说话一样自信、自如地拿起笔来在纸上描绘本存在于脑海中的构思。有的人失败了，这个失败是指他认为自己无法画出漂亮的手绘草图，进而丧失了用笔表达的信心，在专业生涯中将手绘创作这项充满乐趣和高效率的设计方法永远地放弃了。事实上，因为画得不漂亮而丧失信心的专业人士不在少数，但是值得玩味的是，很多设计大师的草图称不上漂亮更谈不上完美，但是它们仍旧起到了激发灵感、引导设计的作用。所以，画得漂亮不应该是草图表达的终极目标，草图真正的价值不是表现而是辅助设计思考。尤其在计算机飞速发展的时代，画出逼真和漂亮的表现图已经成为草图表达最次要的目标，其核心任务应该是在设计过程中帮助建筑师一步步地把设计想法表达出来，并在这个过程中启发新的构思，推进设计进程。

在草图训练的过程中，大部分专业人士都有过临摹的经历，在不断的模仿中容易进步但不知目标的模仿也更容易迷失自我，进而失去信心。为了画得象和画得漂亮而去模仿虽然能够熟练地掌握绘画的技巧，但是当需要把自己的设计思路用草图进行表达时往往仍会倍感受挫，这时才发现，无法画得漂亮不是画不到位而是想不到位，画和想的高度结合才能够真正地实现自由表达的终极目标。因此，本书将重点放在设计过程中的草图及其表达，重视想和画的结合，探讨在建筑设计过程中草图表达的目标、方法和技巧，以及在不同的设计阶段草图表达如何辅助设计构思和推进设计进程。书中罗列了大量设计过程中的草图，并详细分析了它们是如何一步一步演化为一个完整的设计构思的。

本书共分为七章。第一章是重新认识建筑设计草图，目的旨在说明草图表达和建筑设计的关系，将学习者的注意力从画得漂亮引向画得正确。第二章是建筑设计前期过程中的草图表达，主要探讨了在场地分析阶段、初步构思阶段以及方案比选阶段草图表达的目标和方法。第三章是建筑设计后期过程中的草图表达，包括初步设计阶段的草图表达和施工图设计阶段的草图表达。很多专业人士认为，进入建筑设计的后期，草图就无用武之地了，但是，第三章的主旨就是探讨只要存在设计思考的过程，草图表达就仍然是非常有效的辅助设计的方法。第四章至第七章是不同建筑类型设计过程中的草图表达案例，力求图文并茂，让学习者更直观地了解草图表达在实际工作中的应用。

本书始终贯穿着这样三个观点，即首先要有目的地去画，强调手绘表达要有清晰的结合不同设计过程的目的性；其次是有方法地去画，强调设计过程中的三维空间思考能力和对画法几何知识的灵活运用；最后才是有技巧地去画，即运用对阴影、配景、材质等要素的表现技巧强调设计主旨。

另外，有几个关键问题需要在此加以说明：

关于工具。书中所有的草图都是用墨线笔画出的，有时它们可能是非常廉价的黑色原子笔，有时它们是精心准备的0.5mm或0.3mm的纤维草图笔，总之除了初步设计及施工图阶段的草图用铅笔绘制外，大部分图纸都是用较细的黑色墨线画出。每一种工具的特性是不同的，它们的表现技巧和方法也是不同的，但是如上所述，如果把手绘草图的目标确定为辅助设计构思，那么清晰的线条会更加有助于拷问设计的精度和思维的深度。当然，在前期方案构思阶段使用的工具也可以更加灵活，但笔者习惯于用一支笔进行构思，省却了选择工具和准备工具的时间，无论什么工具拿起来就可以画，就像开口说话一样随意。

关于纸张。如果在急需画图时恰好身边又有一张干净、柔软的拷贝纸那就是非常幸福的事情了。本书的大部分草图是画在柔软的拷贝纸或者叫草图纸上，只有一小部分最终稿的草图是画在稍硬一点的硫酸纸上。因为书中的草图是多年设计草图的积累，在这个过程中原本并没有成书的计划，所以纸张也没有精心准备。在绘制过程草图时，对纸张的选择就没有那么的严格，往往是边角碎料，又因为草图纸极薄，反复描画后难免会印上许多难看的黑点，这为成书带来了相当大的难度。绘制终稿草图时，则会挑选一张A3大小、干净完整的纸张，所以它们也就更显精美。

关于时间。用多长时间画好一张图纸呢?大部分的图纸都是在三个小时内完成的，这又意味着是两餐之间的一段完整时间。在进行设计创作时，需要高度集中注意力，手、脑并用，如果耗时过长往往不能够实现高效率。绘制最终稿草图时，由于纯粹是进行设计构思的表现，反而可以画画停停，不必刻意地强调一鼓作气。无论是绘制过程中的草图还是最终稿的表现草图都最忌刻意雕琢，所以并非花的时间越长效果就越好。

关于那些不完美的草图。过程中的草图通常都不是那么完美，如比例失调、线条杂乱等，但是它们往往包含了最丰富的创作信息，从一张又一张的过程草图中可以看到一个完整设计构思的形成过程。不完美的设计草图用最生动的方式揭示了创作的过程并给予学习者成功的信心。

本书是一本以图纸为主要内容的书，关于其他的一切，请翻开这本书。手绘草图的进步来源于长流水似的积累，也来源于偶尔经由某张图纸的启发而产生的感悟。笔者学识粗浅，仅希望能够与读者在图纸中产生共鸣。

著  者

# 目　录

# 第一章　重新认识建筑设计草图

## 第一节　草图表达与设计过程

- **连贯的草图表达**
  **关注方法而非技法**
  **关注过程而非结果**
  **关注表达而非表现**
  **摆脱草图的束缚**

当时代的脚步跨入21世纪，计算机越来越成为人类各个实践领域不可或缺的工具，当然，建筑设计领域也不例外。从设计的过程直至最终的成果表达，计算机技术发挥着越来越强大的作用，从某种意义上讲，它甚至传达了成为人脑替代品的野心。各种计算机辅助设计软件层出不穷，它们的终极目标都是试图帮助建筑师实现从思考到表达的绝对自由，而这个任务在不久的过去恰恰是由手绘图纸来完成的。那么，在这个计算机绘图技术越来越成为行业主导的时代，还需要手绘草图么？如果需要，它们应该以怎样的面貌呈现出来？

当前，行业对手绘草图的需求陷入了一种奇怪的境地，一方面，各类升学与入职考试仍旧常常以手绘能力作为评价的依据和标准；另一方面，当上述门槛被越过之后，它们又很快成为被抛弃的对象。在初学者眼中，手绘草图往往被视为一种"技法"，从练习线条、学习配景画法、掌握透视原理与构图原理，直到可以临摹出一幅"漂亮"的效果图，这些训练过程的要旨都是以结果为导向的，如何掌握信手拈来的娴熟技法和画得"漂亮"是其终极目标。自然，这样的导向使得手绘草图

具有不可忽视的危险性，那就是有时建筑师会为了画图而画图，会忘记绘图的真正目标，甚至会为了使得图纸漂亮而在画图时"造假"，为后续设计制造了人为的障碍。但是，当真正进入建筑师职业实践之后，恰恰是"效果图"的绘制工作成为最先被计算机以及熟悉这项技术的专业人员所占据的领地，各类效果图制作公司将建筑师从透视图表现中解放出来，但也使得他们日渐精进的手绘技术失去用武之地。不可否认的是，手绘效果图在表达的精确性、场景的真实性以及修改的便捷性等方面都无法与用计算机绘制的效果图相媲美，因此，当以画出"漂亮"效果图为导向时，手绘草图当然成为率先被抛弃的对象，它似乎是一项过时的技能。可见，对手绘草图的学习乃至与之相随的一系列"技法"的训练被掩盖在一些虚假的需求之中。那么，如果手绘草图仍旧是被需要的，它的真实目的以及真实作用应该反映在哪里呢？

建筑设计是以图纸表达为主要手段的，对图形的关注一直以来都是建筑设计的一项基本内容，用图形来表现设计构思也是建筑师的重要工作之一。但是，表现设计结果远远不是手绘草图的唯一作用。在建筑设计过程中，设计思维并非线性，建筑师需要不断地在循环往复的涂画中寻找设计的灵感与依据，在设计初期那些看似一团乱麻的线条往往隐藏了令人兴奋的创作起点（图1-1）。透明草图纸为不断地涂画与修改提供了条件，并非一锤定音的不断描画往往也是设计日趋深入的绝佳途径。建筑师往往会有这样的体会，越是纷繁杂乱的线条越是隐藏了无限的可能性，当覆盖上新的草图纸并将确定的线条描画出来时，设计也被推向前进。另外，许多出色的建筑设计都是形成于建筑师早期所作出的模糊

**图1-1　某学校大门的构思草图**

此图在一张完整的A2拷贝纸上画出，这样可以将所有杂乱的想法集中在一起，便于筛选和整理。

判断，这种无从言说且无法用计算机线条一一表达的概念和想法恰恰是后续设计的直接起点，也是最适宜用手绘草图进行快速记录和表现的。可见，在计算机时代，手绘草图的真正意义体现在设计的过程而非结果之中，它是一种行之有效的方法而非只求漂亮的技法（图1-2）。因此，关注在不同设计阶段精准与正确的表达而非形式的表现将会使其回归本质（图1-3），也将使掌握娴熟技巧的建筑师终究可以摆脱画得漂亮的"魔咒"，摆脱单纯的对形式的追求，摆脱草图的束缚。只有这样，才可以真正地将技巧运用自如，让大脑的思考更加自由和开放。

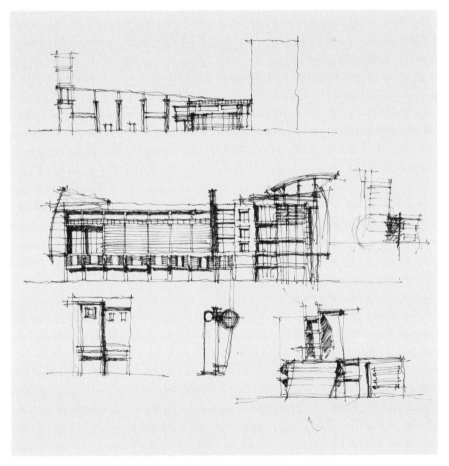

**图1-2  某办公楼立面构思草图**

这张草图试图从多个角度推敲建筑的造型，信息含量大的立面表达的设计内容会更加丰富，自然也看起来更加"美"。

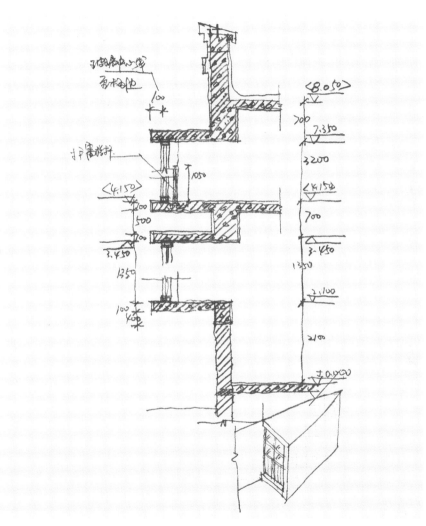

**图1-3  某住宅窗户设计详图**

在设计阶段的后期，草图需要更精准地表达工程做法，画的时候需要非常严谨，并抛弃一切装饰的念头。

## ● 辅助设计思考

用图形思考

**粗略的想法用模糊的草图**

**确定的想法用精准的草图**

常常有初学者感叹自己画的草图"不漂亮"，因此，夜以继日地通过模仿他人的草图练习技法（图1-4）。不可否认，这样的模仿会使得绘画技巧日益娴熟，但是，还可能出现这样一种情况，当他们已经可以模仿出一张高水平的草图时，在绘制自己构思的方案时还是达不到想象中的水准。继而，再重新开始练习线条、构图、配景、阴影抑或色彩，如此陷入循环往复的怪圈。在历史上，很多设计大师的经典方案都是从一幅出色的草图开始的，但是这些在设计过程中起到决定性作用的设计草图往往不能够用"漂亮"来形容（图1-5），有时候它们非常潦草（图1-6），有时候又工整严谨（图1-7），有时候仅仅是简单的几根线条（图1-8），有时候又精美与精确到如建成照片一般（图1-9）。对大师的崇拜所导致的对其草图的欣赏往往会让初学者非常迷惑，因为模仿一幅大师的草图似乎并非难事，但是难以模仿的是草图中所传达的基于设计过程的含义表达与灵感闪现，那些潦草或是严谨的线条表达了思考过程中的速度、力度、紧张、松弛，画面上对配景、色彩、构图等要素的调配引导着设计者构思的走向，最重要的是，在这些成功建筑作品的草图中无法总结出关于表达技巧的统一经验，似乎怎样画都是可以的，唯一可以肯定的是，"漂亮"与否成为最不重要的，甚至是可以被忽略的评判标准。而这也间接地表明，草图是思维的工具而非"表现"的工具，各个设计阶段的草图有着不同的表达内容、方式与技巧，是否能够正确地表达出不同设计阶段设计者的构思并推动设计向前发展应该是手绘草图最重要的价值。换句话说，草图中所表达出的对设计的思考远远重于对绘图技巧的炫耀。

赖特常警告自己的弟子们说，最不希望他们做的事情就是过早地在纸面上画定一个设计方案，"别急着把铅笔落在纸面上……彻底在想象

**图1-4　大师作品临摹**

在学习阶段的临摹是非常必要的，可以临摹照片，这样就能够增加自己对作品的思考和再处理过程。

**图1-5　赖特手绘住宅草图**

这是赖特1903年所绘爱德华·H.切尼住宅构思草图。

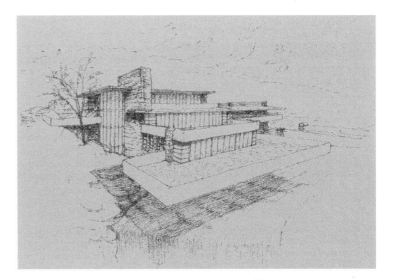

图1-7　赖特手绘流水别墅草图

在这张草图中，赖特取消了二楼的坡屋顶，改成了带阁楼的平屋顶。

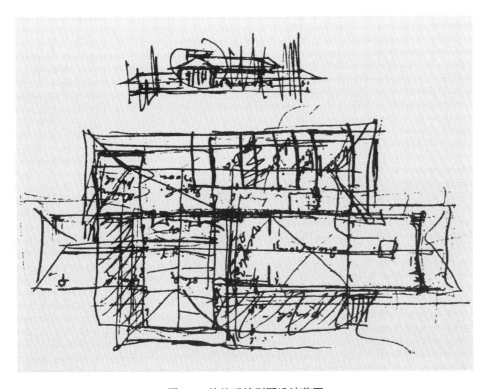

图1-6　赖特手绘别墅设计草图

这是赖特绘制的别墅设计草图。层层叠叠的线条反映出构思过程中思考的痕迹。虽然线条潦草，但还是可以从中辨析出逐渐清晰的设计构思。

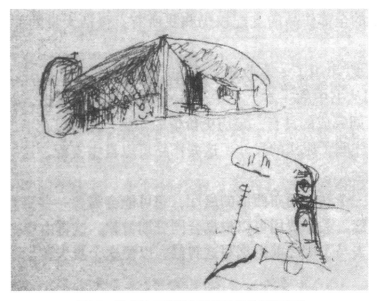

图1-8　勒·柯布西耶绘制的朗香教堂初稿草图

中构思建筑，别画在纸上，要放在脑子里想——先别去碰图纸。让它活在脑子里——逐渐有了比较确定的形式，然后才把它交给绘图板……等到用三角板和丁字尺来画图的时候，应该是在修改或者扩充或者加强或者检查自己的构思——为它的各个部分做成和谐的调整。"赖特之所以反对过早地在纸上勾画，是不希望绘图限制了大脑的构思，实际上，这也应该是草图绘制的重要方法，即粗略的想法用模糊的草图来表达，确定的想法用精准的草图来表达。《流水别墅传》的作者曾经把赖特的天才总结为七点，其中强大的视觉记忆力、能够在头脑中构思建筑、精准的尺寸把握力和能够按几乎完美的比例把建筑画成图纸是位列前三的特质。可见，一幅出色的草图往往来自于出色的思维过程，而单纯的表现技巧并不足以概括绘制草图所需要的能力。在赖特为流水别墅所画的第

166号平面草图中，包含了赖特对流水别墅所做的核心构思，这张草图被称作是制图技术和空间构思相结合的绝佳作品，线条充满了躁动，待赖特将它钉在图板上再次进行描绘时，它又演化为了精准的各层平面草图（图1-10）。

大师的例子表明，手绘草图并非实现设计的捷径，即如果仅重视技巧的表现是终究无法画出一幅有价值的"漂亮"草图的，而"漂亮"也绝不是草图表达的目标。草图可以挖掘设计潜力，推动设计过程的进行，甚至发挥出建筑师无法想象的神秘力量（图1-11）。而这一切的达成不仅需要"技法"，还需要了解草图在各个设计阶段的主要作用以及表达内容，并进行有针对性的基于设计构思的绘图训练，才能够最终摆脱"技法"的束缚实现表达的自由。

图1-9　赖特和其学徒所绘流水别墅透视效果图

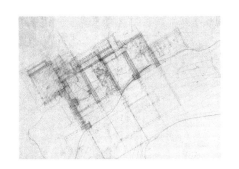 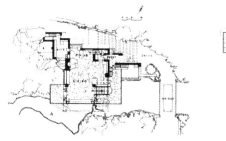  

**图1-10 赖特手绘流水别墅平面草图**

这是被称为166号平面的流水别墅平面草图。赖特在1935年9月完成了这个基本平面，并把它们拆分为各层平面图。

摘自《流水别墅传》，P251

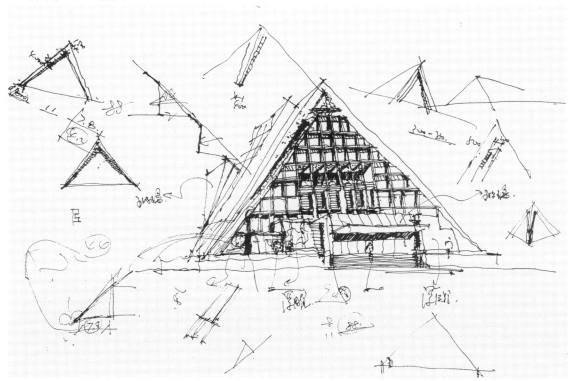

**图1-11 某高校图书馆构思草图**

这个图书馆的构思由简单的三角形演变而来，在不断的勾画中，只有三根线的三角形逐步变成了三棱锥和最终拥有复杂细部的图书馆。

## 第二节 草图表达与建筑速写

### ● 草图不等同于建筑速写

**用草图进行设计**

**草图表达应遵循理性规律**

在初学者眼中，草图与建筑速写往往被混为一谈，因此，练习建筑速写以实现自由的草图表达也成为理所当然的通往成功的正确途径。但是，能够画出一幅出色的风景写生或村落民居就一定可以勾勒出表达准确且赏心悦目的建筑草图么？把这个问题推至极致，掌握了全面绘画技巧的画家就应该能够如一个娴熟的建筑师般在纸上随意勾勒建筑构思么？反之，一位不擅长绘画的建筑师就无法运用铅笔正确地表达设计构思么？

在各类建筑论坛上，常常有某人对一幅出色的建筑设计草图大为赞赏，继而苦苦临摹的情况，终有一日临摹作品可以以假乱真。但是，当自己进行建筑创作需要画出设计草图时，仍旧如履薄冰，信心不足，半途而废。以上的问题令人困惑，绘画能力似乎与绘制草图的能力息息相关，但是又差异极大，在建筑专业的基础课程中，建筑速写往往是一门必不可缺的课程，但是，它与建筑草图的表达能力需要在某些环节进行神秘的转换之后才可以发挥出它的效力。

建筑设计草图不能够等同于建筑速写，绘制设计草图的表达能力也不能够等同于建筑速写的能力，但是，它们无疑是具有一定的相关性，正确地理解它们的异同会帮助建筑师在学习的过程中解除迷惑、甄别重点、确定方向，最终实现两者顺利地转换与提升（图1-12、图1-13）。建筑速写和建筑设计草图都是对一定对象的描摹，但是建筑速写描述的是客观存在物，而后者描摹的是并未存在、由大脑构思的虚拟形象（表1-1）。究其本质，绘制建筑设计草图是从无到有的创作过程，试想，如果大脑里没有构思，设计草图从何而来，而这种构思实际上是由设计目标以及受目标激发所形成的虚拟图景组成的。每一个项目以及其中的每一个过程都具有唯一性和不可复制性，绘制一幅建筑设计草图的终极目标是用草图快速地把设计者脑中的设计构思表达出来，用草图进行设计，推进设计过程。

**图1-12　手绘练习草图1**

此图是家庭空间的速写草图，
用简单的线条描述细节。

**图1-13 手绘练习草图2**

这是某小型展览馆速写草图，追求对空间本质的真实表现而非进行装饰性的艺术加工。

表1-1 建筑速写的作用

| 建筑速写 | |
|---|---|
| | 培养美学修养 |
| | 练习概括场地特征 |
| | 收集设计素材 |
| 作用 | 练习线条、色彩、构图等绘画能力 |
| | 熟悉马克笔、铅笔、钢笔、炭笔、水彩、水粉等绘图工具的使用与技法 |
| | 培养用图表达的良好习惯 |

从设计能力培养的角度看，练习建筑速写可以提高设计者的美学修养，这项能力也经常被神秘地称为"感觉"。如果仅就绘画而言，这类"感觉"可谓包罗万象。首先，艺术的"感觉"与先天的气质和秉性有着密切的关系，独立的人格和丰富的情感更加容易形成创作的欲望和冲动；其次，艺术的"感觉"还与个人后天在美学、文学、哲学、宗教、伦理、政治等方面文化知识的积累相关。再次，完成一幅优秀的速写作品还需要掌握娴熟的艺术技能。前两项"感觉"的培养无疑是一个长期的过程，因此也就不难理解为什么那么多人在训练速写能力的过程中信心受挫，最终前功尽弃。但是如果仅仅掌握艺术技能又会使作品流于"匠气"，空洞呆板。

对于以完成具体的设计任务为目标的手绘草图而言，设计过程中的情绪、激情固然重要，但是更为重要的还有在各种限制条件下的理性分析与思考，尤其是进入设计深化阶段之后，两者的差异就更为明显（图1-14）。基于以上的原因，练习建筑速写可以帮助设计者掌握马克笔、铅笔、钢笔、炭笔、水彩、水粉等绘图工具的使用技法，提高线条、色彩、构图等被称为艺术技能的绘画能力。另外，还可以在建筑速写的过程中练习概括场地特征，收集设计素材，培养用图表达的良好习惯。所以，如果在速写的过程中不以画得"漂亮"为目标，或许可以甩掉拘谨、自卑、沮丧的负担，在客观的临摹与分析过程中逐步提高各项技能，也逐步获得真正有益于设计与表达能力进步的技巧与习惯。当然，不能否认在这个过程中某些人的艺术修养会获得很大的提升，可以体会在速写过程中自得其乐、忘我创作的境界，最终能够描绘出一幅幅令人艳羡的"漂亮"图画，但是这并非建筑专业人员练习速写的终极目标，速写的技能需要结合建筑设计表达能力的培养才可以实现由绘画到设计表达的真正转换。

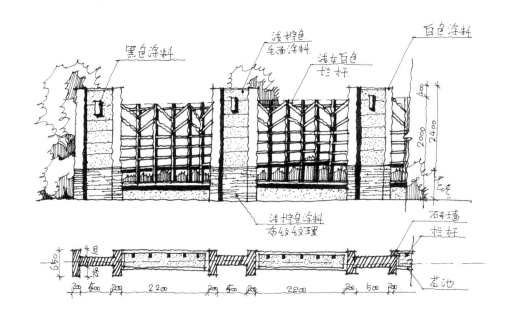

**图1-14 围墙设计草图**

这是某办公区围墙设计方案的深化。用草图将立面和平面详细画出，并标注材料和尺寸。

艺术创作的生命力在于不断地超越与创新，因为求新、求奇是艺术欣赏的心理特征之一，艺术家只有不断地超越自我与前人才可以获得持续的满足感和成就感。对于建筑设计而言也具有类似的特征，但是表达建筑设计构思的手绘草图则与它们有很大的区别，是有规律可循的。本节以下各表分别从表达目标、表达过程、表达内容、表达方式等方面列举了建筑速写与建筑设计草图的区别，理解这些区别有益于设计者在学习的过程中找到正确的方向。

建筑速写作为一种艺术训练具有强烈的主体性，它始终以个人对环境的审美感悟作为创作的基础，要求绘画者将自己对主观世界的审美体验"物化"于作品之中，主体与客体完美地结合才能够创作出优秀的作品。创造审美对象，表达绘画者独特的自我精神与美学趣味是建筑速写的表达目标。同样一个农家小院，有的绘画者将它表现得生机盎然，有的绘画者则将它表现得幽深安静，有的选择庭院作为表现重点，有的则选择正对大门的堂屋作为表现重点，这些都可以由绘画者自由选择，不同的对象又决定了不同的表达内容与表达技法（图1-15）。而对于建筑设计手绘草图而言，表达目标均是在落笔之前既定的，建筑师可以决定从哪个角度进入表现，但是设计目标是设计过程和阶段决定的。比如从平面布局进入设计，需要表达功能与流线的合理安排；抑或从体型进入设计，需要表达的则是不同体块之间的组合关系。这些都直接决定了每幅草图表达的内容与重点，它们同样有规律可循（图1-16）。常常有这样的情况，设计者在草图纸上勾画草图，画了几根线，不漂亮，揉掉草图纸重画，又画了几根线，还是无法找到"感觉"，在反反复复的撕掉重画中却忘记了这张草图到底要表达些什么？线条与形式的"不完美"阻挡了设计者进行设计思考的步伐，进而在目标没有达成之前就匆匆自我否定，其实这也是对表达目标认识不明确所造成的后果（表1-2）。

在户外速写是辛苦但愉快的经历，带上速写本与画具，找好合适的位置，聚精会神地在纸上自由挥洒，直到一个活灵活现的场景出现在眼

图1-15　农家小院速写

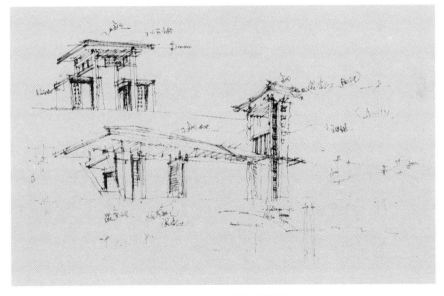

图1-16　某大门构思草图

表1-2　建筑速写与建筑手绘草图的异同1

| | 建筑速写 | 手绘草图 |
|---|---|---|
| 表达目标 | 以表达美学趣味为目标 | 以完成明确的设计任务为目标 |
| | 以自我精神的表现为目标 | 以与其他相关人员的顺利沟通为目标 |
| | 以画面的视觉冲击力为目标 | 以重要部分的详尽表达为目标 |
| | 不同绘画者选定的表达目标可能不一致 | 不同设计者在各个设计阶段的表达目标具有相似性 |
| | 目标在过程中具有一致性 | 各个设计阶段的表达目标是不一致的 |
| | 可以无目地进行 | 每幅草图都有明确的设计目标 |
| | 表达目标决定了表达内容与表达技法 | 表达目标决定于设计所处的阶段 |

前。完成一幅速写通常可以按照起稿、塑造形体、刻画细节与完善画面等几个步骤进行。速写强调在较短的时间内完成画作，放松的精神与愉悦的心情是创作的前提，线条的干净利落、画面的紧凑丰满都来自于绘画过程中的一气呵成。与速写不同，建筑草图主要在室内完成，当建筑师还没有开始在纸上画出第一笔线条时，这个方案往往已经在脑中反复琢磨了许久，"在你着手绘制草图的第一个早晨，你已经有10个想法，它们都有相同的机会"。最初的草图往往是从一堆乱线开始的，在构思阶段受情绪影响比较大，线条的杂乱反映出紧张或松弛的设计思维，而设计的雏形也往往是在线条的反复描画中慢慢显现出来（图1-17）。在进入设计深化阶段后，则更强调对设计对象客观理性的分析，需要借助于专业的图形将设计构思更加清晰地表现出来（图1-18，表1-3）。

艺术形式都是源于生活又高于生活的，只要可以表达出场所的特殊氛围，无论是浓墨重彩的细节渲染，还是轻描淡写的结构概括都可以成为一幅优秀的作品。因此，表达内容是由绘画者根据画面氛围的需要自行选择的，除了主体建筑之外，生活场景中的花草树木、晾晒衣物、汽车人物都是不可或缺的内容，而往往也正是这些配景会成为画面的点睛之笔（图1-19）。在各项表达内容之中，表达的重点往往位于画面的视

觉中心，为了突出对视觉焦点的刻画，画面的其余部分则会采取省略和简化的方法进行处理。在工作中常会碰到这样的场景，为了追求画面视觉中心的精彩效果，效果图制作公司的绘图者会把建筑的其余体块进行虚化处理，这样的做法往往会遭到建筑师和甲方的反对，因为这影响到了建筑体块真实性的表达，使观者无法具体地看到设计意图，这其实就是工作目标的不同所导致的。

建筑设计手绘草图的表达内容要求严格尊重设计的客观性与真实性，每个设计阶段的表达内容是不一致的。比如在初步设计阶段，一幅用来推敲建筑空间关系的剖面图就需要着重表达建筑的竖向交通关系、梁柱关系、室内外高差关系、空间关系等（图1-20），只有将这些内容清晰地用图纸梳理出来，才会有利于同其他专业的设计师进行沟通并顺利地开始正式图纸的绘制。可见，具体设计阶段的表达内容是建筑师工程经验积累的结果，只有对下一步工作以及与其他专业进行的沟通内容具有较强的预见性，才可以做到有的放矢。反之，这些内容又会使手绘草图画面饱满生动（图1-21），但是如果在无知无觉的情况下仅凭借对绘画技巧的炫耀来绘制草图，是无论如何不能够画出令人满意的草图的（表1-4）。

图1-17　某小区会所设计

表1-3　建筑速写与建筑手绘草图的异同2

| | 建筑速写 | 手绘草图 |
|---|---|---|
| 表达过程 | 过程从看到速写对象开始 | 在着手绘制草图时已经开始思考 |
| | 起稿、塑造形体、刻画细节、完善画面 | 各设计阶段过程不同，参见后续章节 |
| | 在较短的时间内完成画作 | 各阶段时间依照自己的习惯及工程要求调配 |
| | 受情绪的影响较大 | 构思阶段受情绪影响，后期强调客观理性的分析 |
| | 强调一气呵成，不适宜反复描画 | 可以反复多次描画，在线条的重复勾画中寻找灵感 |
| | 落笔无悔 | 不怕画错 |
| | 主要在现场绘制 | 主要在室内工作台完成 |
| | 强调精神自由与放松 | 强调受限制的思考 |

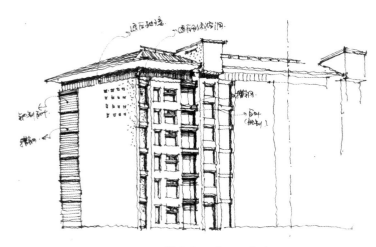

**图1-18　某住宅设计立面草图**

住宅的立面强调其内部空间开窗的韵律重复。在这张草图中，清晰地画出了对客厅、居室、卫生间以及楼梯间窗户的构思。

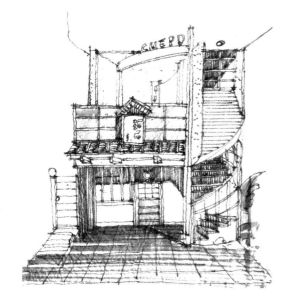

**图1-19　写生练习**

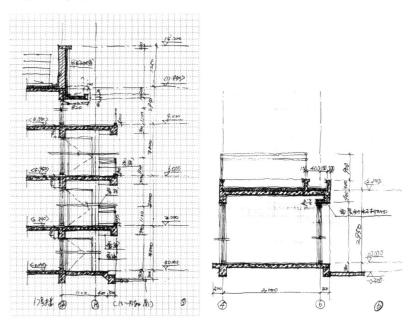

**图1-20　某住宅外墙详图**

这张图在网格纸上画出，力求尺度精准，能够反映出设计过程中出现的问题。

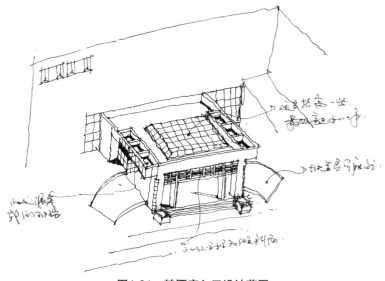

**图1-21　某酒店入口设计草图**

这张草图旨在对入口的方案进行再次的推敲。一个小小的入口需要考虑人流及车流，内部空间的采光，梁柱结构，室内外高差的解决等问题，在图纸上都要一一表达。

表1-4　建筑速写与建筑手绘草图的异同3

| | 建筑速写 | 手绘草图 |
|---|---|---|
| 表达内容 | 自主选择 | 由设计阶段决定 |
| | 在尊重现实基础上的创作与想象 | 严格尊重设计的客观性与真实性 |
| | 表达重点自行选择 | 不同设计阶段的表达重点不一致 |
| | 表达重点因人而异 | 每个人在相同设计阶段的表达重点一致 |
| | 注重画面的美学趣味 | 注重各个阶段设计目标的达成（布局、结构、材料等） |
| | 重在渲染场景气氛 | 不以烘托气氛为主题，强调设计表达的真实性 |
| | 刻画视觉中心的细节 | 细节由设计阶段决定 |
| | 不借助文字 | 文字是辅助设计表达的重要工具 |
| | 主要为透视图 | 不拘一格（平面图、立面图、剖面图、透视图等） |
| | 画面可以有选择地省略 | 不通过省略的方法遮掩设计的不到位 |

再现与表现是艺术创作表达方式的两种类型，再现性因素和表现性因素总是在优秀的艺术作品中互相依存，它们共同表达着艺术家眼中的"真实"。因此，画面中的很多要素譬如透视、尺度、阴影、质感、虚实、色彩等既如镜子一般地映射自然，又是绘画者对自然所进行的理想化创造。但对于作为设计语言的手绘草图而言，这些要素不以再现和表现的原则为变形依据，而是被按照如何将设计思路表达清楚的原则进行处理和加工（图1-22）。

比如手绘草图中的阴影，往往是现实世界影子的简化处理，用排线的方式强调建筑体块的体积感与前后关系。那么，与绘画作品中那些强调空气透视感与复杂色彩融合的阴影相比哪一个更接近真实呢？如果抛开创作者的专业背景与需求这其实是一个无解之问，从某种意义上讲，它们都是对创作对象的再加工，只是，简练、清晰、宜读的表达方式无疑会使建筑师与外界的沟通更为顺畅（图1-23，表1-5）。

图1-22　某欧式办公楼设计草图

这张草图的线条很繁复，壁柱、窗洞、线脚的透视线都被清晰地画出，当草图完成时，众多的线条恰好突出了欧式建筑的复杂形式感。

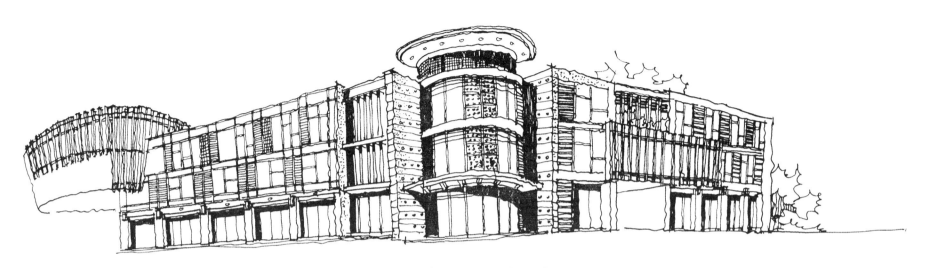

**图1-23　某高层住宅商业裙房设计草图**

这个立面的设计旨在形成由材料组成的肌理。线条的粗细和疏密表达出了不同表皮的处理方式。

**表1-5　建筑速写与建筑手绘草图的异同4**

| | 建筑速写 | 手绘草图 |
|---|---|---|
| **表达方式** | 透视关系—可以适当按照需要变形 | 透视关系—精准 |
| | 线条—追求风格，追求笔触 | 线条—准确 |
| | 尺度—可以适当根据需要处理 | 尺度—客观 |
| | 阴影—增加画面生动性，强调空气透视感 | 阴影—表达建筑体块的前后关系 |
| | 质感—对材料进行抽象表达 | 质感—区分材料主要特征，如光滑与粗糙等 |
| | 虚实—强调多层次的丰富性 | 虚实—可以夸张处理，表达设计特点 |
| | 色彩—和谐，场景对色彩产生较大影响 | 色彩—可以夸张处理 |
| | 配景—渲染画面气氛 | 配景—提供尺度参照，渲染画面气氛 |

## ● 草图表达的技巧与风格

**在过程中学习技巧**

**不刻意追求风格**

**写实而非写意**

巴黎美术学院在1968年之前的建筑课程中，教学的固定方式就是要求学生用模板来画图，制图模板多种多样，谁能够准确地运用它们在图纸上画出优美的图形谁就能成为第一名。可见，当时采用的教育方法只是让学生学习画图技巧。这之后，欧洲的建筑设计教育逐步回归本质，培养"建筑师"而非"画家"，使建筑设计学科越来越具有科学性与独立性。那么，作为建筑师语言的草图表达需要技巧么？如果需要，它们又与图画技巧有哪些区别呢？

大多数练习草图的初学者都是从练习线条开始的，在一个矩形框里练习横向排线、竖向排线、交叉排线等。毫无疑问，在矩形框中画线是大多数人很快就能够掌握的技能，但是这距离在草图纸上自由地表达还有相当长的距离。其实，练习排线是培养用"肯定"的笔触在纸上画出"肯定"线条的习惯，而画出从A点到B点的"肯定"线条首先依赖于画者脑中"肯定"的思路。另外还需要掌握的比较重要的技能是透视原理。建筑设计的一门重要基础课程之一就是画法几何，但是往往会有这样奇怪的事情发生，一个能够运用画法几何原理借助尺规作图方法求出准确透视的初学者却无法精准地在草图纸上徒手勾出一个更为简单的透视体块。其实，在建筑草图的绘制过程中需要运用到的透视原理非常简单，几项一点透视与两点透视的简单原理就可以满足手绘草图的需求（图1-24），但是当画法几何作为

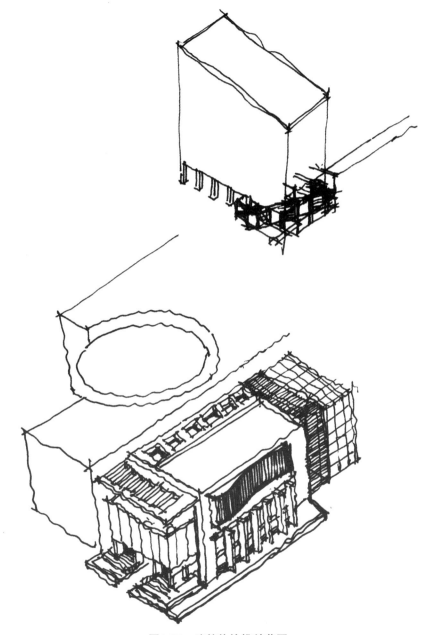

图1-24 建筑体块推敲草图

一门学科被教授时则必须兼顾理论的完整与全面，所以如果没有经过进一步有针对性的训练，当需要建筑师在实践中有选择地灵活运用时往往会出现上述局面。可见，单纯的练习技能对于草图表达而言并非无效，但似乎进程缓慢且针对性不强，最有效的方法是在实践中练习，即结合设计项目与设计工程的各个阶段在设计过程中练习草图绘制的技巧（图1-25）。当然，相对于在方框里轻轻松松地画线条，在设计过程中练习需要耗费更多的体力和脑力，需要持续的恒心与毅力，但是也更容易取得显而易见的效果。

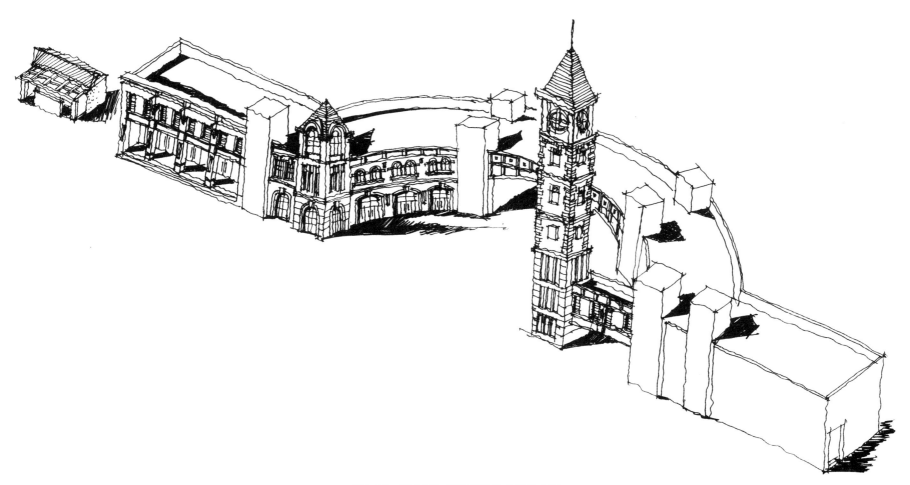

图1-25　某小区入口及商业裙房设计草图

## • 必须熟知的透视知识和技巧

**掌握基础透视知识**

**结合建筑特征提炼关键性原理**

**在实践中积累透视画法经验**

下面列出了需要掌握的透视原理及应用案例。学习透视原理仅仅是第一步，如何结合建筑设计语言对它们进行灵活而熟练的运用才是最终的目的。比如等分原理即适用于建筑开间的分隔；两点透视中的灭点则要用来控制所有透视线的走向（表1-6）。

1. 一点透视和两点透视的原理

透视是一种表现人眼所见的位于特定的相对位置和距离的描画方法。人们用双眼观看城市景观的视觉机制是双眼同时起作用，得到三维或空间的视觉感受。建筑的构件在透视图中通常会发生以下四种变化：①渐小（图1-26）；②缩比（图1-27）；③汇聚（图1-28）；④重叠（图1-29）。对于一般建筑而言，开间和层高都是相同的，熟悉相同

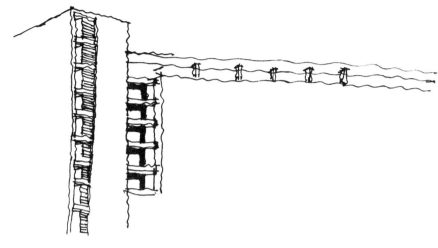

**图1-26　某办公楼立面设计草图**

这是一张没有完成的草图，檐口部分的立柱的间距反映出透视中的渐小现象。

表1-6　草图绘制技能及练习要点

| | | 建筑速写 | 手绘草图 |
|---|---|---|---|
| 表达要点 | 透视关系 | | 掌握一点和两点透视原理 |
| | | | 练习按照建筑体块的前后画出透视关系 |
| | | | 练习按照层高画出透视关系 |
| | | | 练习按照开间画出透视关系 |
| | 比例把握 | | 练习徒手画出1cm的长度 |
| | | | 练习徒手画出1：200图纸1m的长度 |
| | | | 练习徒手画出1：500图纸1m的长度 |
| | 构图 | | 尺度—客观 |
| | 配景 | | 掌握2~3种植物配景、人物配景、汽车配景的画法；掌握不同地面在透视图中的表达方法 |
| | 图示语言 | | 掌握必要的图示和图例 |

**图1-27　某办公楼立面设计草图**

正确表达出窗户的大小由"缩比"原理带来的变化,可以增加透视图的真实性。

**图1-28　某社区活动中心设计草图**

这栋楼形态狭长,选择这样的透视角度虽然使得建筑的面宽和进深差距更大,但是却可以更加详细地描画正立面,而不是通过透视角度的转变掩盖设计问题。

**图1-29 某高校图书馆设计草图**

复杂建筑的体块通常会前后遮挡，在画图时确定先画部分和后画部分的顺序会很分散建筑师的精力。所以，在设计初期，可以把各个体块的轮廓线都画出，再把没有被遮挡的部分通过加粗等方式强调出来。

的形式在透视图中的变形是非常重要的能力。渐小的原理是"近大远小"，距离画面近的构件尺寸大，距离画面远的构件尺寸小。相同尺寸的窗户、相同间距的柱子不仅会产生渐小的变化，它们的尺寸变化还有一定的规律，依据等分的方法可以准确地画出。在熟悉了基本的原理后，就可以徒手近似画出建筑开间的透视变化了。对于一点透视而言，建筑中所有水平分隔线汇聚于画面的中心。对于两点透视而言，建筑中所有水平分隔线汇聚于画面两端的灭点，这些水平分隔线包括建筑的檐口、构成雨篷和窗户的顶面及底面、横向遮阳板等。建筑的体块常有突出或者凹进，在透视图中，这种前后的变化就会产生部分位置的重叠，

正确地表示前后遮挡关系会使画面获得空间感。

2. 视平线、灭点、站点、透视角度

视平线是一条从观察者眼睛延伸至画面的假想轴线。在画面中它是一条直线，视平线的高度通常取1.6~1.8m，建筑所有的水平透视线都交于视平线上的灭点。所以，在绘制初步草图时，可以将视平线作为参考线清晰地画在纸上，便于控制透视的轮廓（图1-30）。视平线的位置决定了需要在画面上画出的体块的面，即假想中人眼可以看到的面。位于视平线以下的体块需要画出顶面和侧面，如底层窗台、地下室的采光窗等。位于视平线以上的体块则需要画出底面和侧面，如雨篷、墙面上大

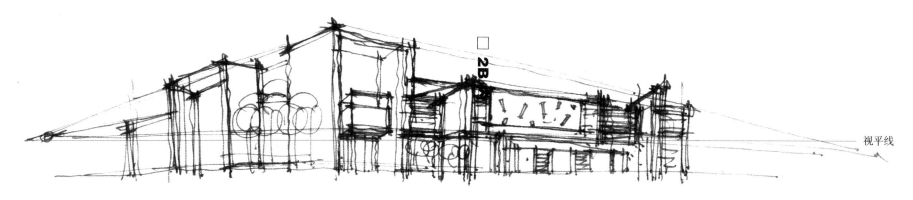

图1-30　某青少年活动中心设计草图

部分的凸窗，首层以上的空调板、阳台等。

　　灭点是建筑上的水平平行线消失于视平线上的点。如果是一点透视，则所有的水平线汇聚于画面中间的灭点，一般室内透视较多的用到此种表现方式（图1-31）。如果是两点透视，则一个矩形体块有两个方向的灭点（图1-32）。在画任何一个体块的透视时，首先可以分析一下需要画出的面是哪些，在大脑中建立大致的模型。再判断这个面是位于建筑的进深方向还是面宽方向，以便明确组成该面的上下两条水平线段指向哪一个方向的灭点。灭点的位置与站点和透视角度有直接关系，两个灭点距离越近，则透视感越强，即所有的水平线倾角越大，建筑体量越发高耸、挺拔（图1-33）。两个灭点距离越远，则水平线的倾角越小，建筑体量平缓、舒展（图1-34）。

　　站点代表观察者眼睛的位置（图1-35）。其实，在现实世界中移动脚步改变观察建筑的位置，同在图纸上旋转平面所得到的结果是一样的，这也就是透视角度的改变。改变透视角度会使得透视图中建筑体块不同方向面的大小发生变化，一般而言，会通过改变透视角度使得重点表达的面舒展一些，比如主入口所在墙体（图1-36）。另外，改变透视角度的方式还包括上下移动视平线的位置，它们都会使得透视轮廓发生变化（图1-37）。

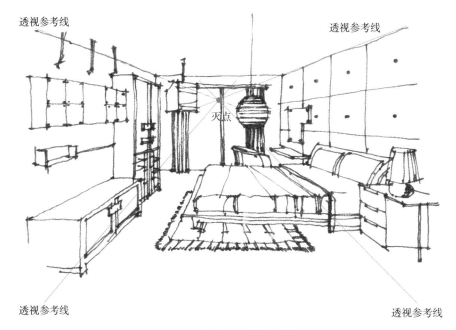

图1-31　某室内空间速写草图

灭点B　　　　　　　　　　　　　　　　　　　　　　　　　　　　　　　　　视平线　　灭点A

**图1-32　某办公楼设计草图**

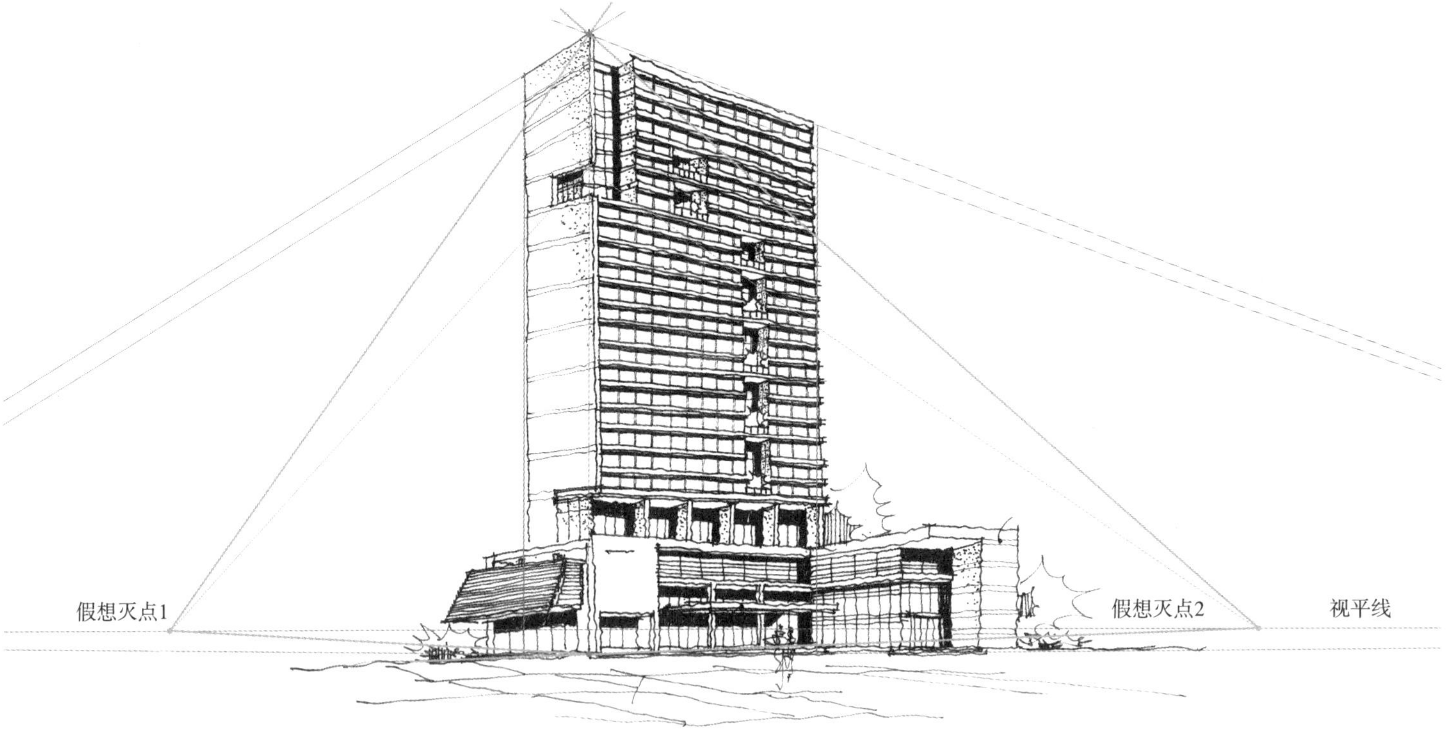

假想灭点1　　　　　　　　　　　　　　　假想灭点2　　　视平线

**图1-33　某高层办公楼设计草图**

对于高层建筑而言，将两个灭点的距离缩短确实会使得建筑更加高耸，但是也会带来建筑的变形，所以在掌握基本的透视原理后应该根据实际情况进行选择。

透视参考线

视平线

**图1-34 某办公楼立面改造设计草图**

两个灭点距离较远，灭点落在画面外，建筑较为舒展。图中以建筑正立面和山墙面上的两个窗户为例表明如何判断透视线的走向。

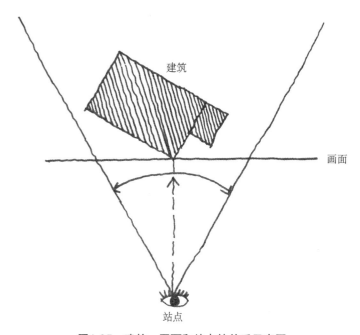

建筑

画面

站点

**图1-35 建筑、画面和站点的关系示意图**

画透视图时使建筑的一个角落在画面上就可以在连接这个角的竖向高度线上量取尺寸。

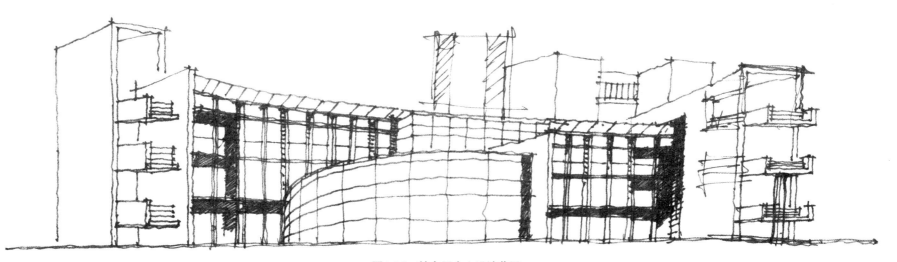

**图1-36 某会展中心设计草图**

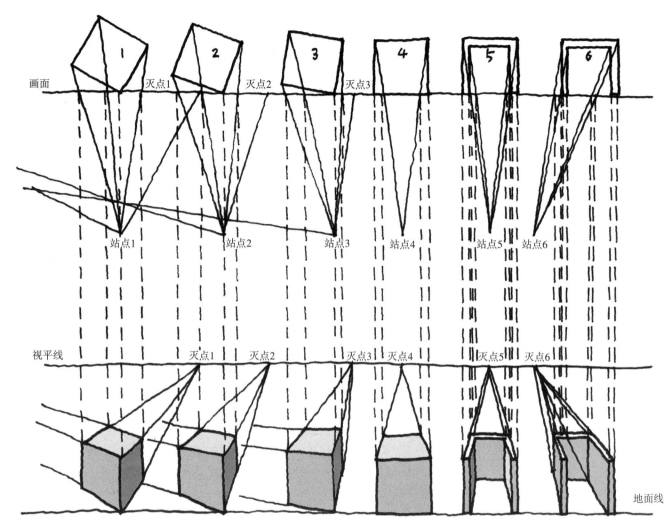

图1-37　改变透视角度后体块透视图的变化

### 3. 透视的快速画法

在许多教科书中都介绍了透视的快速画法，但是在手绘草图的过程中即使采用这种方法还是显得较为繁琐，会阻碍思维的速度。常常听到许多建筑师把能够画出准确透视的能力归纳为"感觉"好，那么这种"好感觉"是从哪里来的呢？

观察借助透视的快速画法所形成的透视图可以发现，一个透视图的核心除了透视角度外，更为重要的是建立建筑平面长度、宽度同建筑高度的相对比例关系（图1-38）。就是在特定的透视角度下，特定高度的建筑体块两个面的高宽比，当它们比例合适接近真实尺度时，透视图看起来也就越真实（图1-39）。这种能力固然可以依靠画法几何的训练获得，但是更为重要的途径是借助日常的观察、记录、体会（图1-40），或者在和效果图制作公司交接工作时长期观察三维模型获得的。其实，把握尺度也是建筑设计的重要方面，从这一点讲，这种能力确实可以用"感觉"指称了（图1-41）。

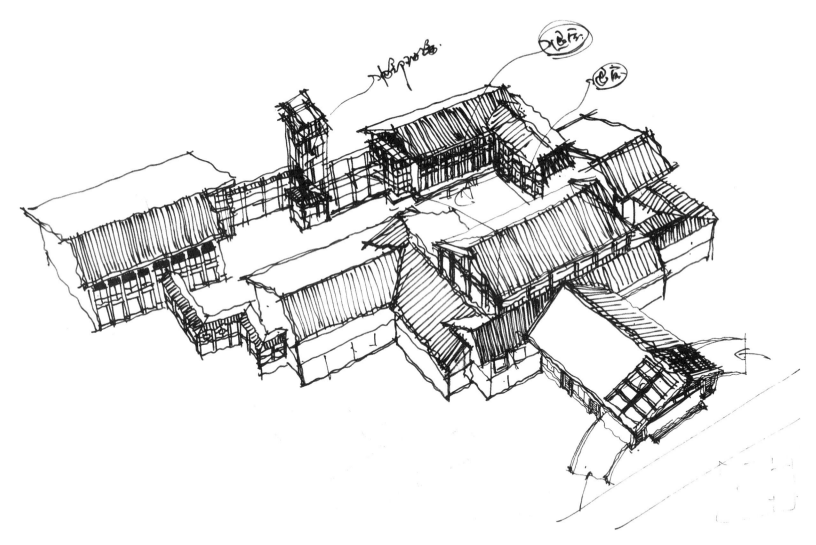

**图1-38　某度假村服务中心设计草图**

练习对于透视体块的控制力可以从小型建筑开始，挑选形体组合复杂的单层建筑，画出逐个体块的鸟瞰图可以强化对体块比例和交接关系的理解。

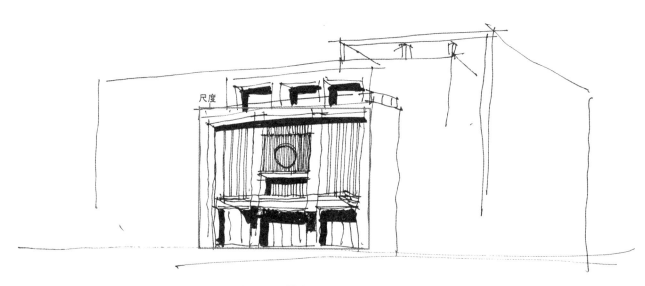

**图1-39　某办公建筑局部透视草图**

　　刚开始练习绘制透视图时，如果无法把握体块之间的比例关系，可以从简单的局部开始，以建筑中重复的单元或主体单元作为模数，衡量其他体块的尺度。如上图是以窗户作为尺度，而下图则可以先画出门头，再以它作为继续画下去的标准尺度。

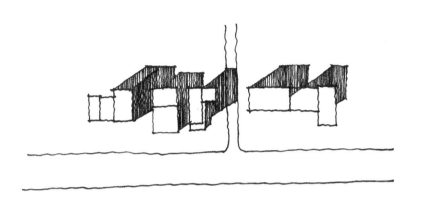

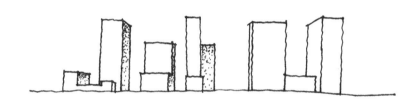

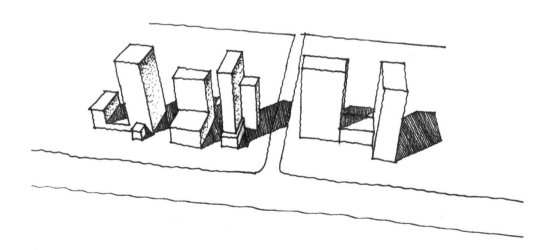

**图1-40 沿街建筑透视练习草图**

在日常生活中，可以通过对街景简化临摹的方式加深对合适尺度的把握。

**图1-41 某高校教学楼设计草图**

当建筑形体较为复杂，以至于很难在下笔时就对各体块的比例尺度进行把握时，可以先将其规整为矩形体块画出其透视轮廓线。

## 4.圆形的透视表达

在建筑设计中常会出现圆形或近似圆形等特殊形体，这也是初学者最怕画的部分了，往往因为惧怕对该类体块进行表达，而放弃关于它们的设计想法。当然，目前在计算机技术的帮助下这种焦虑已经得到很大

的缓解了。其实，最简单的画出圆形透视线的方法是借助正方形和辅助线（图1-42）。首先画出正方形的透视，在其上画出辅助线，最后依据辅助线描出圆弧。借助基本形体和辅助线也是在手绘草图中常用的方法（图1-43）。

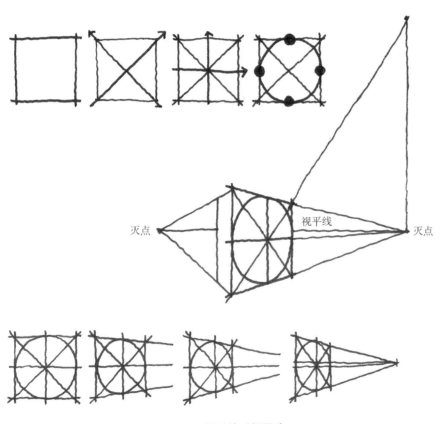

图1-42　圆形的透视画法

图1-43　某高层办公楼构思草图

这是在用草图的方式推敲办公楼顶部的设计。所有的曲线变化都是在矩形体块内进行切割的。

**5. 分隔层高和开间**

当在图纸上画出了基本的立方体，就可以运用透视原理对它进行分隔了。一点透视和两点透视中的垂直线代表与画面平行的线条，没有灭点，因此层高可以直接在垂直线上分隔（图1-44）。在分隔开间时，可以运用对角线原理（图1-45）。如图1-45所示，经过一组等距平行线的对角线与这些线形成的交点可以被用来确定另外一组等距平行线。利用对角线原理，可以进行多样的立面分隔（图1-46）。

**6. 体块关系的表达**

建筑通常是由多个不同形状的体块组成的，不同的空间位置和组合关系形成了千变万化的建筑形态，比如体块的凸出与凹进，各类形体的交接（图1-47）。其实，除了异形体外，工业化生产的建筑大部分都可以简化为立方体之间的关系。凸出、凹进、斜切、平行、穿插等，所以熟悉各类形体的关系以及运用透视原理将其正确地表达出来不仅可以锻炼设计思维也可以锻炼空间想象能力（图1-48）。如凸出于墙面的体块，无论是矩形、圆形或其他形状，都可以将其简化为简单的矩形体块。以两点透视为例，如果凸出于墙面的体块位于视平线之上，则需要画出两个面，即侧面和底面，接着可利用两个灭点画出构成体块的水平线条。凹进体块也是如此，大部分凹进体块需要画出侧面和顶面，这两个面尺度大小，决定了凹进的深度（图1-49）。当是圆形体块时，可以先在平面上将其简化为矩形，画出辅助点，再将该矩形体块的透视线画出，找到辅助点的位置进行连接，圆形体块就完成了。

**图1-44　某教学楼构思草图**

首先画出由透视轮廓线组成的线条框架，再在上面用打点的方式分隔开间和层高，这样再对后续立面细部进行构思时就不必再担心透视的问题了。

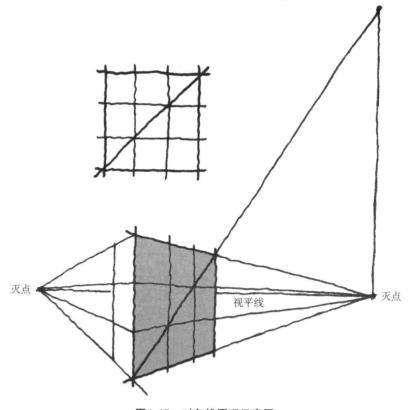

**图1-45　对角线原理示意图**

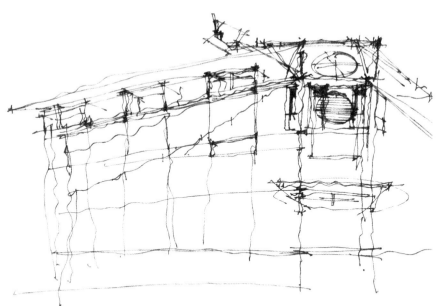

图1-46　某办公楼构思草图

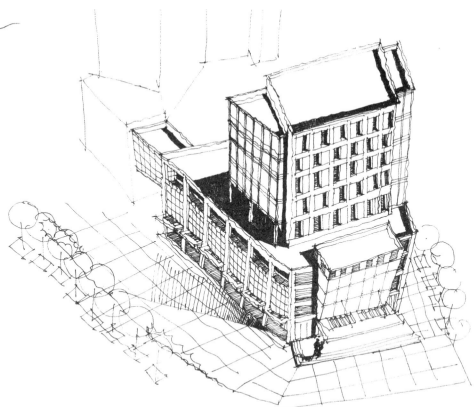

图1-47　某酒店式公寓设计草图

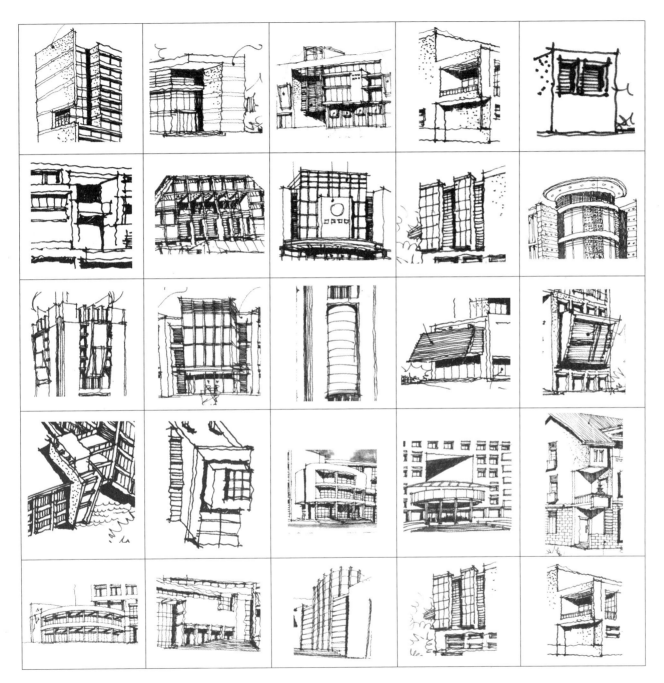

图1-48 建筑体块的凹进和凸出草图示意

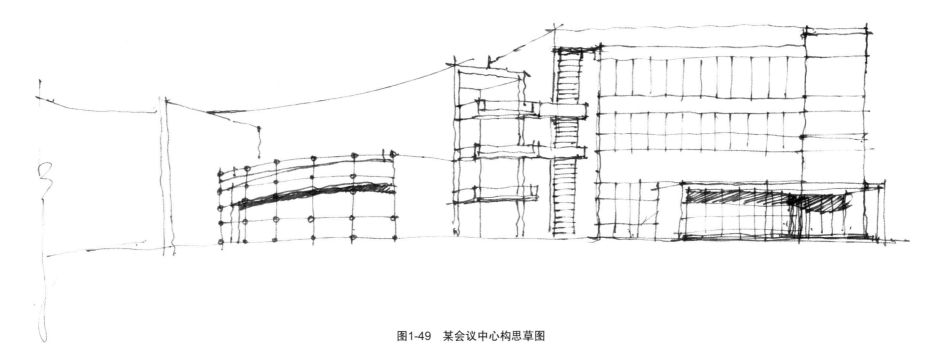

图1-49　某会议中心构思草图

### 7.细节的表达

除了需要掌握上述透视原理外，还要熟悉各类细节的表达方法。窗户、雨篷、楼梯间等常见要素的表达。这类技巧可以通过平时的速写记录进行收集，也可以在阅读书籍的过程中画在速写本上，这样不仅收集了设计素材，还能够将透视原理和建筑细部的表达很好地结合起来，真正做到熟能生巧，才能够实现涂画的自由（图1-50）。

窗户的形式很多，在开始勾画时首先要明晰窗户和墙的关系，是凸出于墙面、平行于墙面还是凹进于墙面（图1-51）。如果是凸出于墙面的窗户，以两点透视为例，首先按照上述方法可以把它们简化为一个突出于墙面的矩形体块，在完成该矩形体块后再勾画窗户的细部。

雨篷也是建筑设计与表达中的重要内容。需要注意的是，雨篷通常凸出于外墙面，因此，在透视图中它会遮挡后面的物体，所以首先要把雨篷画出，再画后面的门洞及窗户（图1-52）。

图1-50　某高层住宅阳台设计草图

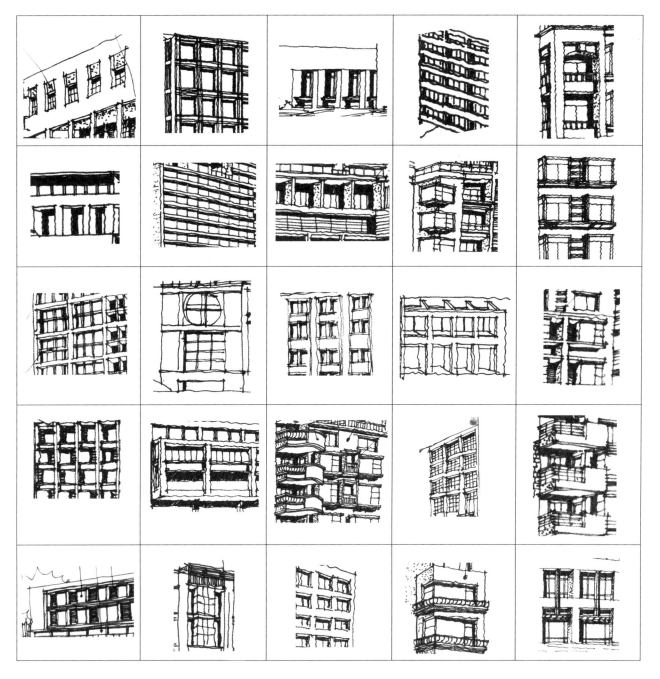

在细部表达中，最为复杂的应该是楼梯间了（图1-53）。可以通过对真实楼梯间的临摹再结合透视知识增加对于它的空间想象力（图1-54）。

图1-51  建筑外立面窗户设计草图示意

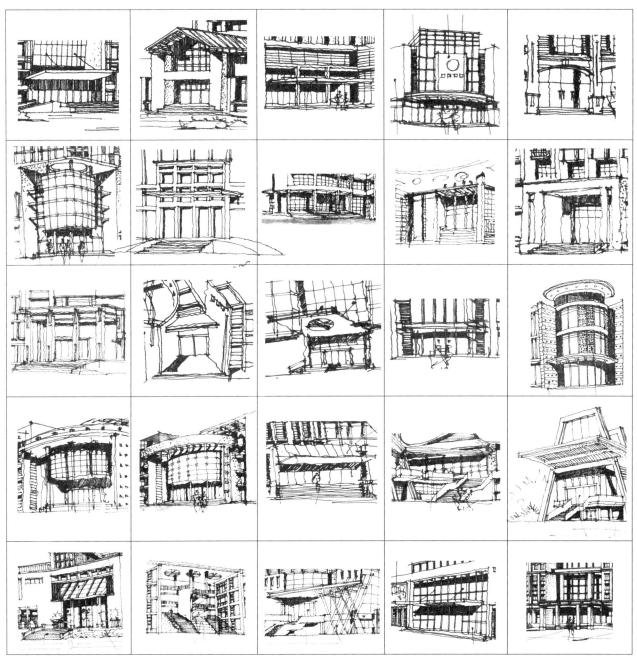

图1-52　建筑外立面雨篷设计草图示意

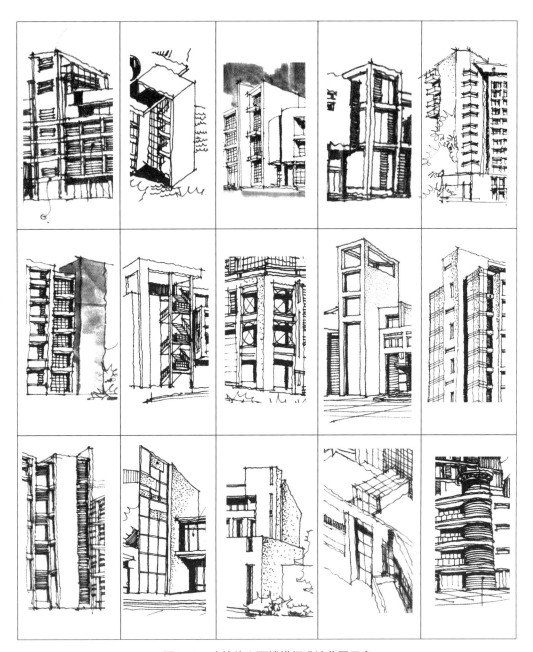

图1-53　建筑外立面楼梯间设计草图示意

图1-54　户外楼梯间设计草图

## 第三节　草图表达与计算机辅助设计

● **数字时代的计算机技术**

　　计算机表达与手绘设计草图不可互相替代

　　计算机表达与手绘设计草图的合作

　　进入数字时代，人类希望通过对计算机技术的开发使包括建筑师在内的各个行业的工作人员获得更大的自由。但是，正如任何技术都具有两面性一样，在人类借助技术获得自由的同时，也被日益强大的技术力量所束缚。如果没有计算机技术，建筑师仍旧需要借助图板、丁字尺等工具进行传统的伏案工作，日复一日的绘图训练必将使手绘技能日益精湛，无需在用"手"还是用"计算机"之间进行选择。但是，也带来精力、体力、时间的极大消耗。而且，若没有计算机强大的辅助设计功能，著名建筑师弗兰克·盖里的那些非常规形态的建筑也许将永远无法出现在人类的历史舞台。

　　从Auto CAD、Photoshop到3ds Max，再到更加容易掌握的Sketch Up，计算机技术从帮助建筑师进行图形文件的输出发展到甚至可能替代"双手"辅助建筑师进行自由的创作。而随着交互技术日新月异的发展，基于手绘输入的建模技术等更加先进的设计工具会陆续走入建筑师的工作领域。那么，最终计算机技术将走向何方呢？它是否会完全替代建筑师的双手？建筑师应该"顺应潮流"抛弃手绘还是在它们之间寻找更加智慧的道路呢？

　　建筑设计一方面需要创造性思维，另一方面需要客观、科学的逻辑性分析。与之相对，设计表达一方面需要在模糊的思路中持续徘徊寻找方向，另一方面又需要用精准、严谨的语言将设计成果工整地表达。这些特点似乎暗示了手绘表达与计算机表达之间不可互相替代的命运。手绘相对于计算机表达的一个特点就是可以在确定与不确定之间灵活地转换，手绘的过程是思考过程的直接体现，恰恰是在犹豫、停顿、反复之间包含有大量的冗余信息，而设计的灵感很可能就隐藏在这些冗余信息

中（图1-55）。计算机技术则与之相反，每一个任务的实现都必须以确定的命令为依据，如果结果不理想，就需要将命令取消再进行下一个指令的操作，当计算机屏幕上出现的都是确定的图形时，那些与创造性思维相关的人脑活动诸如联想等也必将受到很大的限制。

　　但是，当设计进入后期，即进入将设计成果精确表达的阶段，计算机技术的强大力量就会彰显出来。如施工图纸的绘制、三维仿真技术对设计场景的模拟等。当前，很多建筑师还在尝试将计算机表达与手绘表达结合起来，以实现计算机技术对手绘表达的辅助作用。如在纸上将透视草稿完成，接着在计算机中运用Photoshop等工具渲染颜色，或者前期完成设计草图后，导入Auto CAD等程序中完成对方案的细化与深化。可见，了解各项技术的优势与劣势，不抛弃任何一种技术的可能性并且尊重各项技术的特点将为建筑师的表达带来更大的自由。

● **草图的优势与劣势**

　　表1-7通过比较的方式列出了手绘表达与计算机表达的优势与劣势，这样的区分可以帮助建筑师不过分地迷恋任何一种类型，并且通过对它们各自特点的灵活运用创造出更加自由的表达方式，利用技术并且借助技术的力量实现能力的飞跃。

　　究其根本，建筑设计从整体来说是一项发散性任务，需要发散性思维，也需要使用一种更加自由和灵活的方式去进行探索。但是，任何一个设计过程都会有很多步骤，这些步骤本身又会提出聚敛任务，因此，手绘草图这种方式介乎于有目的的行动和无目的的行动中间，并可以在它们之间灵活地转换。而计算机技术明显更适合于完成目标明确的聚敛性任务，只有明确的指令才可以将其优势最大化地发挥。另外，计算机在技术应用方面也远胜于人脑和手，因此，技术性工作也适合由计算机完成。

● **计算机辅助草图表达**

　　表1-8列出了计算机表达与手绘草图在建筑设计的各个阶段可能存在的分工模式，当然，对这两种表达方法合作模式的开发远远没有结束，

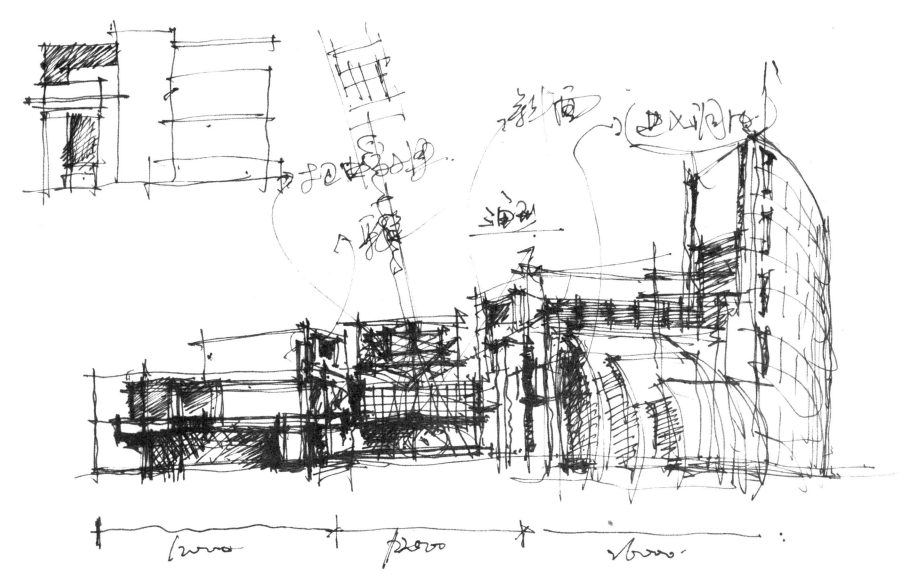

图 1-55

表1-7  手绘表达与计算机表达比较

| | | 手绘表达 | 计算机表达 |
|---|---|---|---|
| 优势与劣势 | 绘图过程 | 过程随意，方案阶段无典型的顺序性 | 需要按照计算机程序的逻辑顺序操作 |
| | | 不需要技术准备，简单工具准备 | 需要熟练的技术准备，计算机软件及硬件 |
| | | 随时随地开始 | 随意性受到场地及工具限制 |
| | | 构思阶段速度快 | 构思阶段速度慢，重复性操作多 |
| | | 可快速形成完整的图纸 | 需要较长时间 |
| | | 情绪发挥作用很大，紧张，快速 | 按部就班，逐步完成 |
| | | 重画或大面积修改容易 | 重画或大面积修改损失大 |
| | | 局部修改不便 | 局部修改容易 |
| | 绘图内容 | 精确性由个人绘图能力决定 | 精确性好 |
| | | 同一张草图表达内容有限 | 同一张图纸可叠加较多内容 |
| | | 表达内容可随意抽象 | 表达内容具体 |
| | | 对场地的分析概念化 | 对场地的分析客观、技术性强 |
| | | 能够对技术方案进行初步研究 | 可对技术方案进行深入研究 |
| | | 不易储存 | 易于储存和复制 |
| | 经济性 | 成本较低 | 成本较高 |
| | | 工具简单 | 工具主要为计算机及各类程序 |

还在被继续深入地挖掘着。计算机在这个过程中通常承担着以下工作：①精细数据的计算和分析，如场地地形分析及可建范围分析、日照分析、场地高程分析等；②复杂形体的模拟，如对复杂形体多角度透视的检视和成果输出等；③建筑图纸数据输入，如平面图、立面图、剖面图及各个构造详图的绘制等；④设计成果表现，如对建筑场景的仿真模拟等。在这个过程中，计算机图纸与草图在各个阶段借由各种程序的输入

和输出功能实现着媒介和格式的灵活转换，计算机更多地承担着技术分析与最终成果输出的工作，而其余的工作内容则可以更多由灵活的双手承担。

有意思的是，计算机表达和手绘从一开始就不存在"井水不犯河水"的互不干涉状态，计算机技术一直试图扩大着自己的应用领域，而这种应用领域的不断扩张经常是以对手绘的模仿为目标的。如当前一些

效果图制作公司擅长绘制具有手绘效果的表现图，常常用手绘线图作为底稿，再在此基础上用计算机程序添加色彩，并且上色的过程也与手绘过程如出一辙，先铺底色、再划分明暗面，接着刻画重点，最终可以快速地形成一幅活灵活现的"手绘"图纸。但是，能否画得"好看"还是取决于绘图者的艺术修养。因此，担心计算机将完全取代手绘草图无疑是多余的。而当手绘与设计方法及其过程紧密地结合在一起时，它们将发挥更加明确与巨大的作用。

表1-8　各设计阶段手绘与计算机绘制的分工

| 方案<br>比选<br>阶段 | 经济数据比较 | 计算机 |
|---|---|---|
| | 不同风格的立面设计 | 手绘 |
| | 建筑细部的多方案设计 | 手绘 |
| 方案<br>完善<br>阶段 | 剖面设计 | 手绘 |
| | 形成准确的平面、立面、剖面图纸 | 计算机 |
| 初步<br>设计<br>阶段 | 推敲重点部位构造做法 | 手绘 |
| | 推敲建筑空间关系 | 手绘 |
| | 形成初步设计图纸 | 计算机 |
| 施工<br>图设<br>计阶<br>段 | 施工图工作安排，过程记录 | 手绘 |
| | 重要构造详图推敲 | 手绘 |
| | 施工图绘制 | 计算机 |

# 第二章　建筑设计前期过程中的草图表达

## 第一节　场地分析阶段的草图表达

- 借助草图认识场地

　　把设计条件转换为图形

　　用草图表述主要设计矛盾

　　模糊设计构思的形成

　　任何一个建筑设计都是在各种各样的限制条件下进行的，通常而言，这些限制条件来源于以下几个方面：设计任务书、各类建筑设计规范与条文、与甲方的直接沟通、建筑师对场地的理解与感悟等。限制条件构成设计矛盾与问题产生的基础，进而也会对设计的走向产生直接的影响。用草图把设计条件表达在图纸上，实际上是将各种文字形式的限制条件以及各种存在于语言和大脑中的含混不清的条件进行图像化与可视化的过程，在设计的起点就将草图作为思维的语言，便于建筑师快速进入设计过程，借助草图连贯地进行设计思考，进而有效地推进设计（图2-1）。

　　这个过程的核心是借助设计条件转换而来的图形对场地进行理解和分析，通过勾画草图及各类分析图可以对基地的自然特性与社会属性有比较准确的记录与描述（图2-2）。

　　通常需要表达在草图纸上的设计条件为：

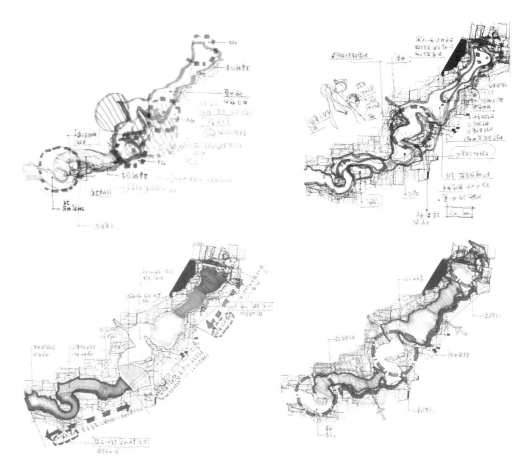

**图2-1　某旅游度假区规划设计场地分析草图**

　　这是进行某旅游度假区规划设计时在场地分析阶段及概念构思阶段的草图。上面两幅草图杂乱地将场地特征、对场地的初步理解全部写在图纸上，便于进行集中的构思。下面两幅草图用马克笔画出了功能分区以及规划结构的初步构思，将想法表达得非常清晰。

1. 场地边界（图2-3）

　　用地红线

　　建筑红线

　　绿化界限

　　场地出入口

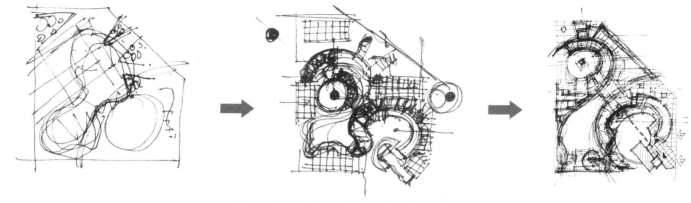

**图2-2　某校园中心区景观设计场地分析草图**

　　这是某校园中心景观的设计草图。首先在草图上将已建成教学楼用圆圈画出，并粗略画出核心景观区的形态，用较为清晰的图底关系图刺激设计思维。在对场地功能、视线、交通流线等要素进行综合分析后，形成了第二张草图，反复描画的线条区分了广场、水面及绿地。最后，对形态进行整理，并结合场地现状对重点位置的形态进行修正。

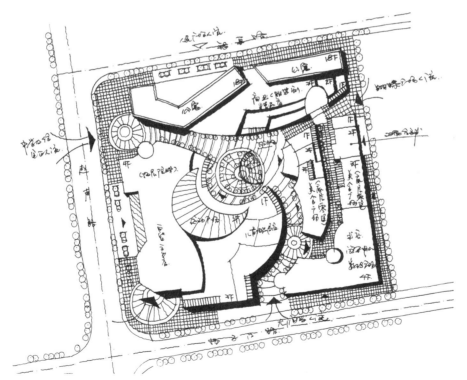

**图2-3　某商业综合体总平面设计草图**

　　因该地段人流动线复杂，所以在进行该商业综合体的总平面设计时，将各个方向的人流来向以及场地与周边道路的关系作为思考的重点。总平面完成后，仍用箭头将主要人流画出，以方便他人对图纸的理解。

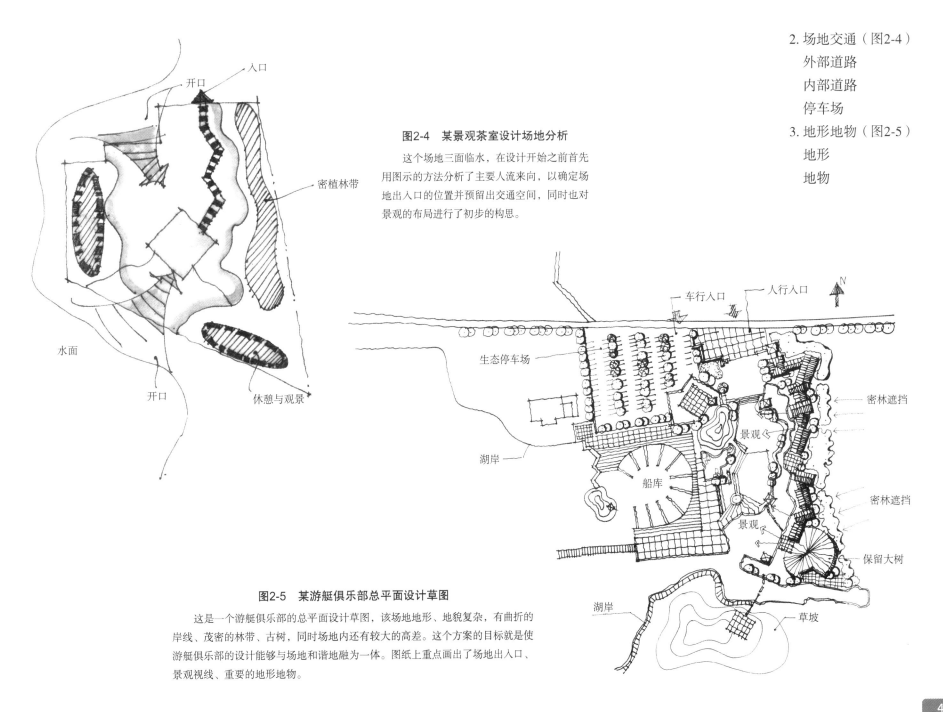

入口

开口

密植林带

水面

开口

休憩与观景

**图2-4　某景观茶室设计场地分析**

这个场地三面临水，在设计开始之前首先用图示的方法分析了主要人流来向，以确定场地出入口的位置并预留出交通空间，同时也对景观的布局进行了初步的构思。

车行入口　　人行入口

N

生态停车场

密林遮挡

湖岸

景观

密林遮挡

船库

景观

保留大树

湖岸

草坡

**图2-5　某游艇俱乐部总平面设计草图**

这是一个游艇俱乐部的总平面设计草图，该场地地形、地貌复杂，有曲折的岸线、茂密的林带、古树，同时场地内还有较大的高差。这个方案的目标就是使游艇俱乐部的设计能够与场地和谐地融为一体。图纸上重点画出了场地出入口、景观视线、重要的地形地物。

**4. 自然条件（图2-6）**

日照

风向

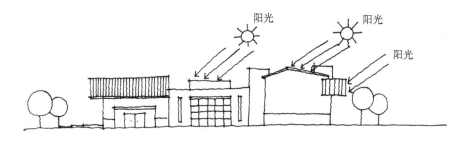

**图2-6　通风及采光分析图**

上面这两幅小图表达了建筑外窗设计对自然采光和通风的呼应。

可以将上述设计条件简单地分为强制性条件与非强制性条件。强制性条件是指任务书上明确提出或者由各类规范规定的设计条件，比如用地红线、建筑红线、绿化界限、场地出入口等，这些设计条件通常不可更改，可以用不同形式的确定的线条表达在草图纸上。非强制性条件指在场地分析过程中形成的有利于方案发展的设计条件，这些由设计者分析得出的结论通常与设计方案模糊的初步构思交织在一起。所以，在这个阶段，草图也可以帮助设计者及时地将场地分析过程中产生的结论与灵感记录下来（图2-7）。因此，可以将借助草图了解场地看做是进行方案设计的第一步。在这个过程中，清晰的设计条件有利于帮助形成清晰的设计依据，而模糊的设计条件则有利于帮助形成模糊的设计依据。所以，正确的判断设计条件的类别并采用正确的方式将它们记录下来就显得尤为重要。比如说，当记录"场地边界"一项中的用地红线、建筑红线、绿化界限和场地出入口时应该按照比例描绘和勾画，这样在设计的早期就可以较为准确地构思建筑和场地的拓扑关系，并得到较为准确的结论。而对于上文提到的与设计灵感交织在一起的"设计条件"则可以随手涂画。在勾画的过程中，确定的想法往往会被反复描画很多遍，多次描画的线条使想法清晰地跃然纸上。

通常，在建筑师开始着手进行这个阶段的工作时，所面临的第一个困难就是设计条件过多，所反映出的设计问题也过多，它们以不同的形式混杂在一起，导致在用草图对它们进行描述时不知该从何下手。《设计师如何思考——解密设计》的作者布莱恩·劳森认为，设计问题具有以下的特征：①设计问题不可能被全面陈述。他认为，在没有进行一些探索方案的尝试前，期望看到设计问题的许多方面是不可能的；②设计问题需要主观解释，即对设计问题的理解和解决决定于设计师解决它们的想法有多大的范围；③设计问题常常按层次组织。设计问题的这些特征表明，在借助草图对场地条件进行分析以及对设计问题进行前期描述时需要按步骤、依次序、分类别地逐步进行，这就包括了在草图纸上对设计条件进行拆分的过程。

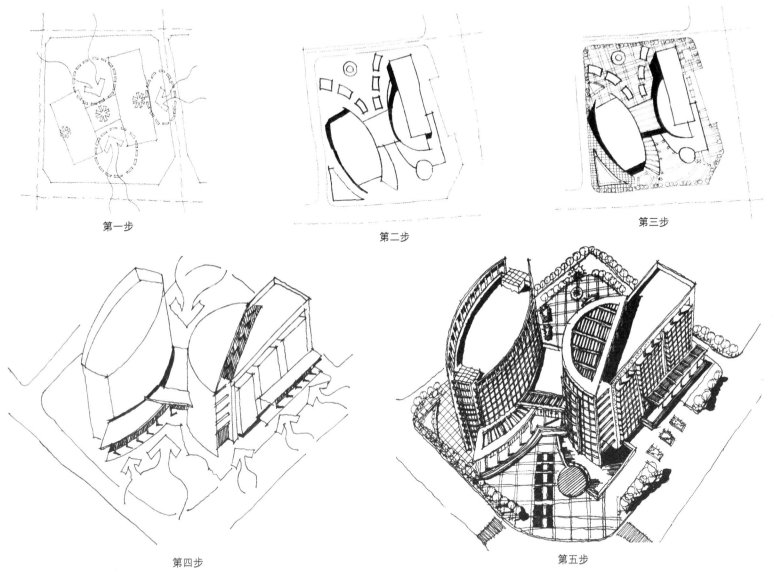

第一步　　　　　　　　　　　第二步　　　　　　　　　　　第三步

第四步　　　　　　　　　　　　　　　　　第五步

**图2-7　某办公楼及酒店综合体设计过程草图**

　　这是一个综合体的设计过程草图，反映了从总平面分析到构思完成的完整过程。首先，进行场地分析，大致确定建筑在总图上的布局；第二步，继续详细思考建筑和场地的关系，如出入口、通道、建筑对室外空间的引导等；第三步，继续思考总图的细节，如停车场、绿化、铺装、重要景观节点等，完善总平面图；第四步，将平面构思立体化，从三维角度推敲前面构思的可行性；第五步，在鸟瞰图上直接用手绘的方式进行立面构思，这样虽然画图的难度较大，但是可以同时兼顾不同方向的立面及整体的连续性。

当逐次将设计条件绘制在草图纸上时，这些条件以极其形象化的方式清晰地显现了场地的边界、出入口、通道等问题，场地空间的"感觉"也就形成了，它们这时又成为综合的力量激发建筑师的创造力（图2-8）。在这个过程中会形成一些模糊的设计构思，随着过程的推进被不假思索地以随意的方式绘制在图纸上，而这些初步的模糊构思往往也是形成后续设计方案的最初发生器。当然，杂乱地表达了模糊设计构思的草图其实只是存在于建筑师脑中设计思路的展现，是建筑师借助草图深入地理解自己设计构思的途径与方式，这个阶段的草图与其说是与他人沟通的途径不如说是建筑师与自己沟通的图纸。很多大师的经典草图就呈现为这个状态，那些杂乱的缠绕在一起的线条被解释为表述了某一个经典的设计构思，其实后来的观看者只能够凭借想象去极力理解那些杂乱线条背后的意义，而只有建筑师本人对它们再次进行分解与规整化之后才能够形成真正的与他人沟通且可以被顺利理解的草图（图2-9）。这类草图也可以被叫做设计构想图，因为无法将它们划归为平面图、立面图、透视图等类型，即使是用分析图来指称也不够准确，因为它们也可能是平面图与分析图或是立面图与分析图的综合体（图2-10）。设计构想图旨在快速地记录瞬间迸发的灵感，因此对于想法的表达是否准确并不重要，甚至诸多重复线条所带来的不确定性反倒是激发新的设计思路的重要特征和优势（图2-11）。

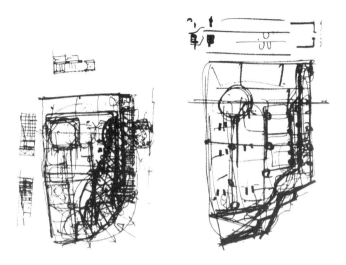

图2-9　罗伯特·文丘里在英国国家美术馆扩建工程设计中的平面构思草图

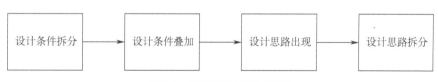

图2-8　设计构思过程示意图

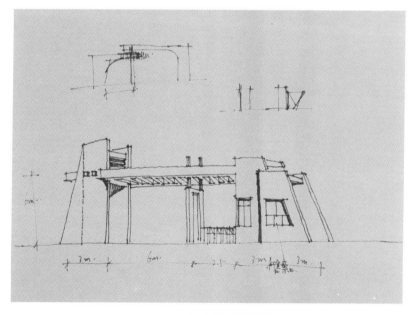

图2-10　某大门设计草图

草图表达就是要用最合适、最顺手及最快捷的方式把存在于脑海中的构思画在纸上。这个大门的设计由立面构思开始，迅速地在纸上形成了体块构成的透视图。

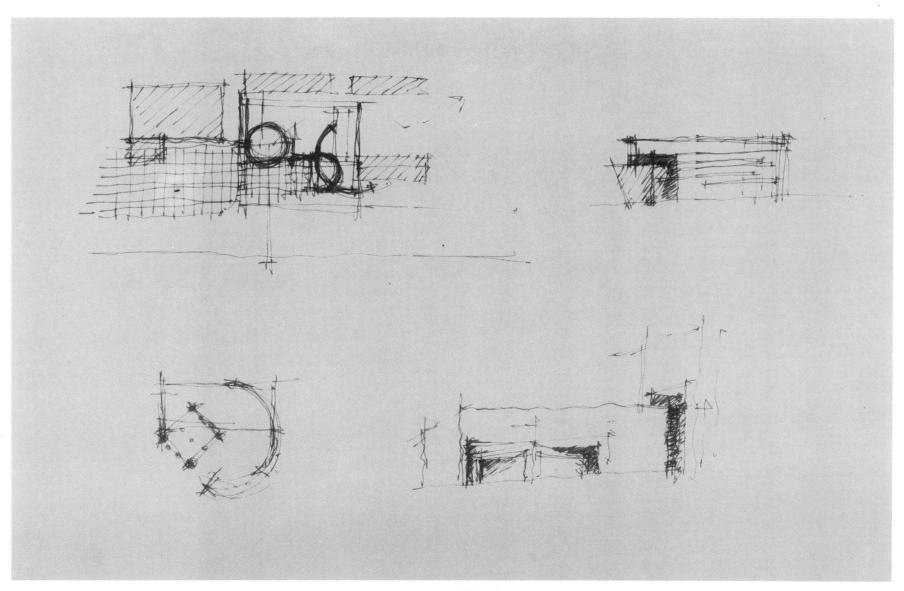

图2-11　办公楼构思草图

## ● 借助草图与甲方沟通

### 借助草图使设计思路条理化

### 有重点的表达

学院派建筑师把头脑中最初萌发的关于建筑的图形当做设计的基础，准确地说是"起点"，这个基础把建筑物的实质灌注到一个简单的图形中（图2-12）。但是，这些被作为设计"起点"的图形往往是设计条件和各种各样奇思妙想的集合体，它们通常以不同的形式融合在一起，在这个设计真正被实施之前它们往往不能够被建筑师本人之外的其他主体所理解。但是，设计的最初阶段往往也是需要与甲方进行早期沟通的关键时间节点，尤其是在建设速度日益加快的今天，甲方通常希望

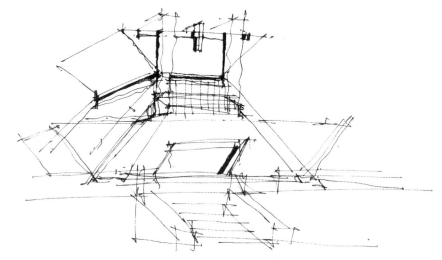

图2-12　某博物馆构思草图

在极短的时间内看到建筑师的初步构思，以便顺利地开始下一个阶段的工作，而一旦在此阶段有所延误，则极有可能被其他设计公司捷足先登，占去先机。因此，快速地借助草图使设计思路条理化并有重点地表达出来就显得尤为重要。不仅如此，这一阶段的草图表达工作还起着引导甲方，使设计过程科学地推进的任务。在建筑师的职业生涯中，可能遇到各种专业背景的甲方，但是对于一位成熟的建筑师而言，应该具备全面的沟通能力，能够使设计按照科学合理的进程推进，这就需要利用形象化并且规范化的草图对甲方的思路进行引导，并互相交换意见推进设计进程。

通常，对于一个单体建筑项目而言，此阶段较为重要并且甲方较为关注的设计内容为：①建筑出入口的位置及朝向；②建筑主要功能分区构思；③建筑形体构思；④建筑立面风格等。对于一个群体项目如居住区的规划而言，此阶段甲方关注的设计内容为：①容积率与建筑密度；②主要出入口的位置；③主要建筑产品布局；④配套设施布局（如商业用房、幼儿园、小学等）；⑤内部交通解决方式及路网形态；⑥主要开放空间布局等。当然，对于一个成熟的设计方案而言，以上的构思都是

粗浅的，因此对它们的表达也应该是关注重点内容基础上的框架式的勾绘（图2-13）。反之，如果在绘制草图时过分地关注个别在此阶段无需关注的细节，则会错误地吸引甲方注意力，引来对初步方案不恰当的批判或者褒赏，进而为后续设计进程的推进带来不必要的障碍。

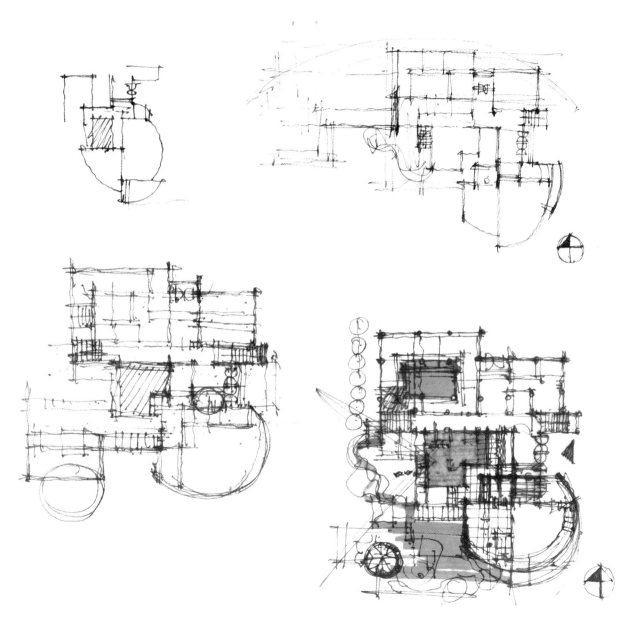

图2-13 某大学生活动中心平面构思草图

**此阶段草图表达的主要步骤及内容**

　　1. **在前期场地分析图基础上绘制场地规划图**

　　　　建筑在场地上的位置

　　　　场地出入口（人行、车行）

　　　　停车场的位置及规模

　　　　重要附属设施的布局

　　　　重要公共空间的布局

　　2. **画出平面主要功能区**

　　　　各功能区主要房间布局

　　　　交通流线安排

　　　　疏散口布局

　　3. **在平面图基础上绘制建筑体块分析图**

　　　　重要体块的形式

**此阶段草图的主要类型**

　　　　·场地分析图

　　　　·气泡图

　　　　·建筑体块透视图

**此阶段需要掌握的绘图技巧及知识**

　　　　·熟悉场地分析的各类图形示意符号

　　　　·熟悉建筑平面图及总平面图制图规则

　　　　·熟悉基本的透视原理及基本体块的透视表达

## 第二节　初步构思阶段的草图表达

● **平面构思**

　　由分析图开始

　　在模糊构思基础上的精确表达

　　随时关注平面与立面的关系

勒·柯布西耶有句名言"平面是发生器"，暗示建筑平面的设计能

够为整个设计过程提供一个起点。当最初的设计有了基本的方向并在图纸上表达为设计的雏形之后，借助草图从平面开始进一步深化设计并检验前期构思的合理性是行之有效的途径。如果说在建筑设计前期的思维方式更加侧重于发散性的，那么在这个阶段及其之后的各个阶段都更加侧重于聚敛性思维，这是建筑师用专业的知识解决问题，并不断在图纸上将问题进行详细阐述的过程。在绘制草图的过程中，经常会有这样的问题被提出：铅笔应该在大脑思考之前还是之后工作？因为许多建筑师认为，在无目的的勾画中，令人意想不到的精彩设计构思会自然地出现在模糊的图形中，是手腕和铅笔在大脑处于绝对自由状态时创造了设计方案，并且在杂乱的图形中依据隐约的形式也可以挖掘出令人惊喜的构思。但是，对于已经确定了设计雏形并进入详细构思阶段的建筑设计而言，如果希望通过上述过程实现设计目标必将无功而返，因为这一阶段将是在明确目标引导下的深思熟虑的分析、推理过程，及在此基础上形成的易读的说明性草图（图2-14）。

　　在将平面图在草图纸上流畅地表达出来之前，需要对建筑平面的功能构成、空间形式、水平交通流线、竖向交通流线及结构体系等方面进行目标明确的思考及持续深入的分析草图表达，才可以顺利、快速地绘制出可以推进设计的较为详细的平面草图。

　　赖特设计流水别墅时，在对这个旷世名作进行了长时间的思考之后，最终也是用一个代号为"166"的平面图将设计思路清晰地表达出来的（见图1-10）。他在一个晚上同时画了三座不同住宅的构思方案，似乎设计灵感在极短的时间喷涌而出，但是，事实证明，这些设计构思早已刻在他的脑子里了。而分析图的作用就是帮助建筑师将大脑中的关于平面构思的综合性想法拆分为一系列的专业性问题，并借助精确度不同的图示评价其合理性。因为，当建筑设计脱离最初的图形开始进一步发展时，一方面保持核心构思的清晰性，另一方面不断检验其正确性也是十分重要的。

　　这类分析图主要有功能分区图、水平交通流线分析图与竖向交通流线分析图等。每一个类型的分析图的目标都不一致，因此它们具有不

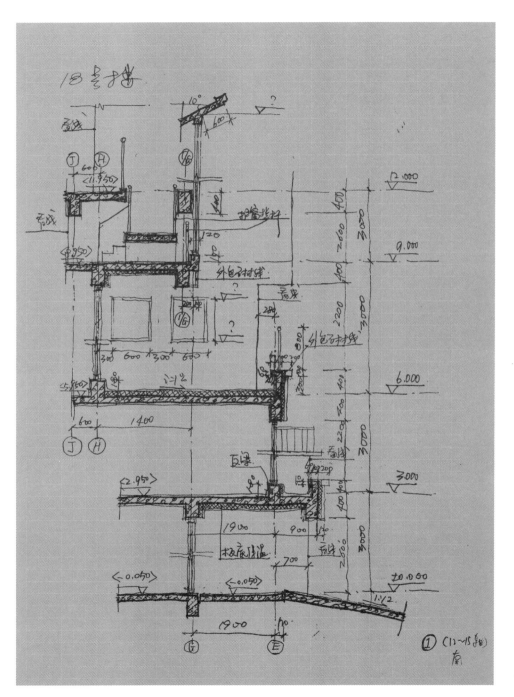

**图2-14　某别墅外墙详图**

这张图是在施工图阶段绘制的，画在专用的网格纸上，可以保证比例的精准。

同的精确度和表达形式。这类分析图是设计构思的抽象与概念化，可以用不同形式的点、线、圆形、矩形、箭头等表示空间、场地、道路、流线、交通核、出入口、视线等建筑的平面构成要素，而通过调整这些图示的大小、粗细、灰度、阴影等形式可以传达出所表达的构成要素的不同特征。对于这类图示语言并没有固定不变的表达形式，因此除了在符号上进行利于表达的区分外还可以借助文字使图解清晰易懂。

首先需要绘制的是功能分区图。在建筑设计过程的前期，用来与甲方沟通的草图已经将主要的功能区进行了划分，但这只是进行平面功能设计的第一步，在一座建筑中，还有许多次要功能与辅助功能房间，仍旧需要继续对它们进行合理的安排。用圆圈表示更为详细的功能分区，用直线和箭头表示它们之间的关系。在这类图示中，对于各个功能房间面积的表达是模糊的，但是对于它们在体块中所处的位置、组合关系则可以清晰地表示出来，尤其是交通核及公共交通空间的位置需要着重表达（图2-15）。其次是水平交通流线图与竖向交通流线图。可以用直

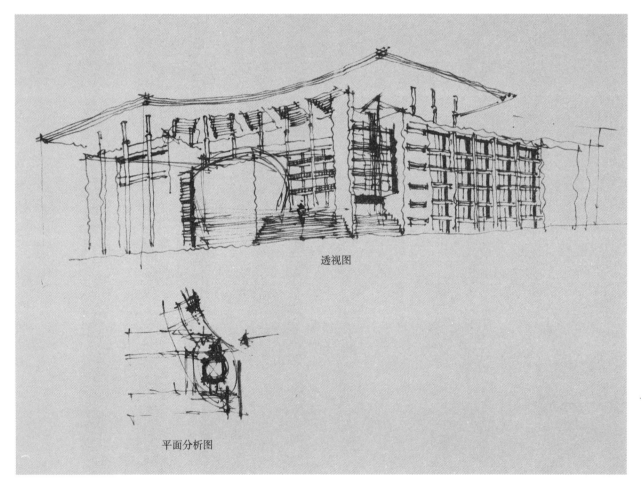

透视图

平面分析图

**图2-15 某会展中心构思草图**

根据地形和主要功能体块快速地画出了平面示意图，就在此平面图的基础上绘制了透视草稿。虽然这个方案不一定成熟，但是可以在最短的时间内把设计构思梳理出来。

线、虚线、点划线等不同形式的线条表示不同类型的流线，用箭头表示流线的起点，并在各个流线的节点和终点处做重点的示意。当上述分析图完成时，平面构思的雏形已经跃然纸上了，这时就需要对建筑平面进行量化，使设计构思深入发展。量化的内容包括确定柱网尺寸、核算房间面积、计算疏散距离并最终确定疏散口数量和位置等。因此，此阶段的草图需要按比例绘制。在上述分析图的基础上可以将平面房间布局画在1：200的图纸上（图2-16）。

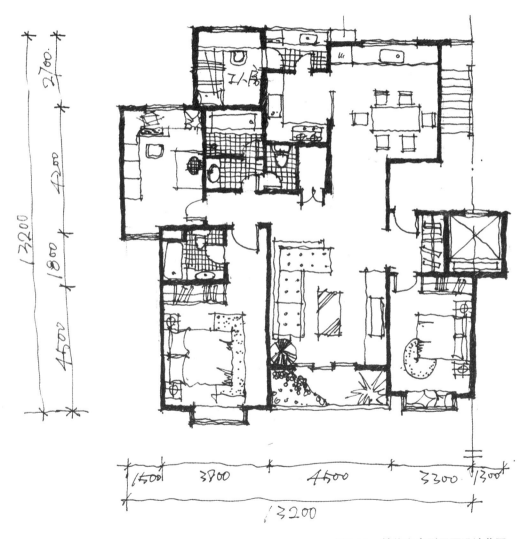
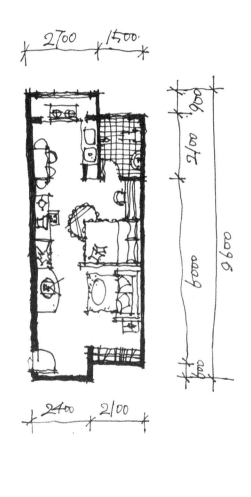

图2-16　某住宅户型平面设计草图

接着利用计算机将其扩印为1：200的图纸并将其作为下一步构思的底图。借助网格纸画出1：200的平面柱网，将其覆盖在扩印的平面草图上，借助柱网调整墙线的位置，尽量使墙体落在柱网的轴线上，也防止结构柱与大空间或楼梯间相冲突。在此基础上，核算房间面积并对房间大小进行调整。另外一个不容忽视的问题就是疏散距离。根据《建筑设计防火规范》和《高层民用建筑设计防火规范》的相关规定，核算平面中的最远点距疏散口的距离是否满足规范规定，并对疏散口进行调整。在这个阶段，需要通过草图控制的是非常精细的平面尺寸，在上述工作基础上可以标出房间的门窗洞口位置，并标注两道尺寸线。

在进行上述工作时，需要注意的是平面的形式构成会直接影响到建筑立面的形态，因此，可以随时把立面的构思及需要在立面设计中重点处理的部位在草图上标注出来（图2-17、图2-18）。

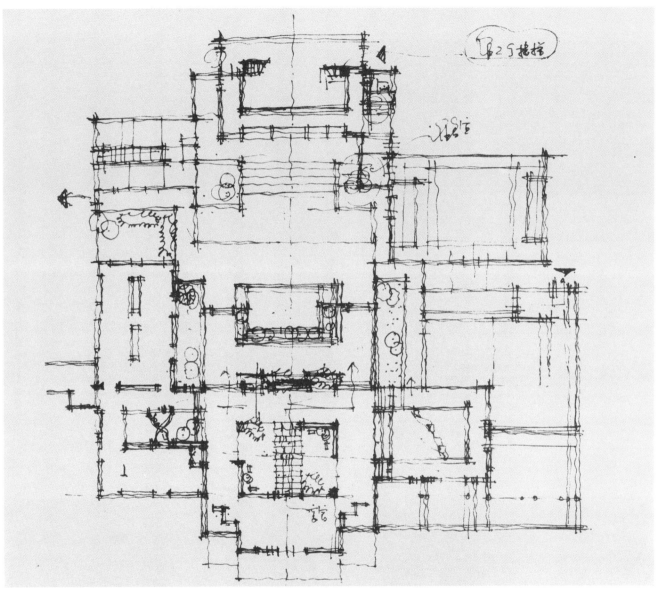

图2-17　某名人纪念馆平面构思草图1

这个纪念馆采用中国古典建筑形式，所以平面布局要和建筑屋顶平面的组合统一考虑，这样才能够实现功能与形式的完美结合。

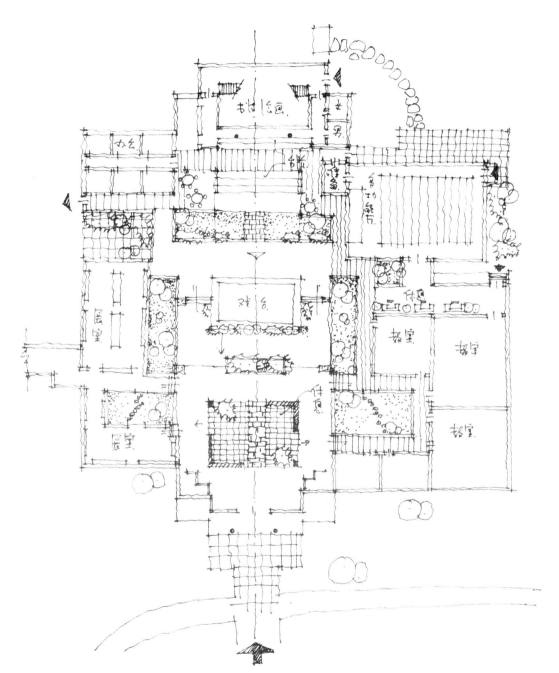

**图2-18 某名人纪念馆平面构思草图2**

　　这张平面草图上用绿化和铺装简单地表达了建筑中的庭院，这样可以将古典建筑的空间意向示意出来。

- **立面构思**

　　**形式构想图**

　　**确定各体块的高度及比例**

　　**正确地表达结构形式**

　　**关注重要部位的立面构思**

　　平面完成之后，在设计初期形成的对于建筑形态的模糊构思可以通过对立面的推敲进一步完善。尤其是形体复杂的建筑，可以先画出立面以辅助思考，再进行体块模型的搭建（图2-19）。

　　在进行建筑构思时经常会迸发出关于建筑形象的各种各样的构想。它们可能是关于屋顶的想象，可能是曾经看到过的建筑形象的变形，还可能是一个存在于自然界之中的象形体。这些被快速记录下来的图形都可以叫做形式构想图，在这个阶段不需要用准确的建筑语言记录它们，往往是没有压力的信手勾画最能够快速地抓住大脑中的模糊构思（图2-20）。

　　在尺寸精确的平面形成之后，就可以根据上述模糊的立面意向推敲平面与立面的逻辑关系，因此，精准的比例和尺度、建筑的结构体系、重要功能空间的形式将成为这一阶段手绘草图表达的重点。

　　首先，可以按照建筑各个体块的功能及结构要求定出层高并绘出较为准确的外轮廓线（图2-21）。需要重点加以关注的是由建筑的室内外高差与檐口的特殊设计所带来的高度变化，它们形成了立面设计的基本比例。其次，需要考虑的是结构体系在外立面中的表达问题（图2-22）。外立面是应该突出并遮掩结构框架，还是应该表达出结构框架？哪些是需要在外立面上清晰表达的承重墙框架或梁板体系？建筑的"外表皮"如何与结构体系相衔接？建筑的结构体系如何形成立面划分的横向框架与纵向框架？这些问题往往会在设计与草图表达中被忽视，因此，立面构思的草图也往往不够严谨与客观，这样将会为下一步设计的继续推进带来不必要的麻烦。

　　在确定结构表达的形式后，可以首先按照开间尺寸将立面的基本单

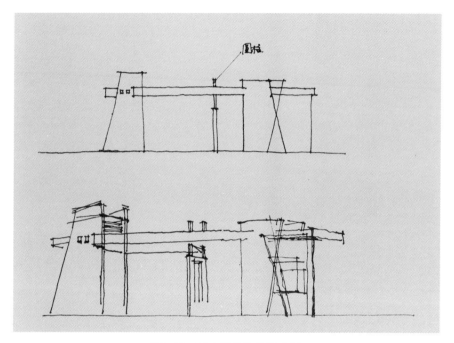

**图2-19　某大门体块构思草图**

这张草图线条简练。用草图纸和墨线笔画设计草图，可以避免使用橡皮，这样也养成了即使画错也无伤大雅的思维习惯，可以激励自己勇敢地画下去。

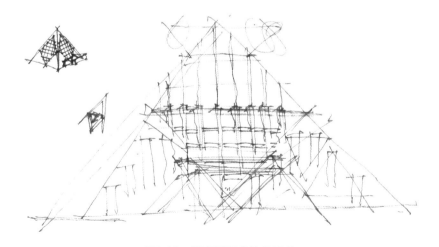

**图2-20　某高校图书馆构思草**

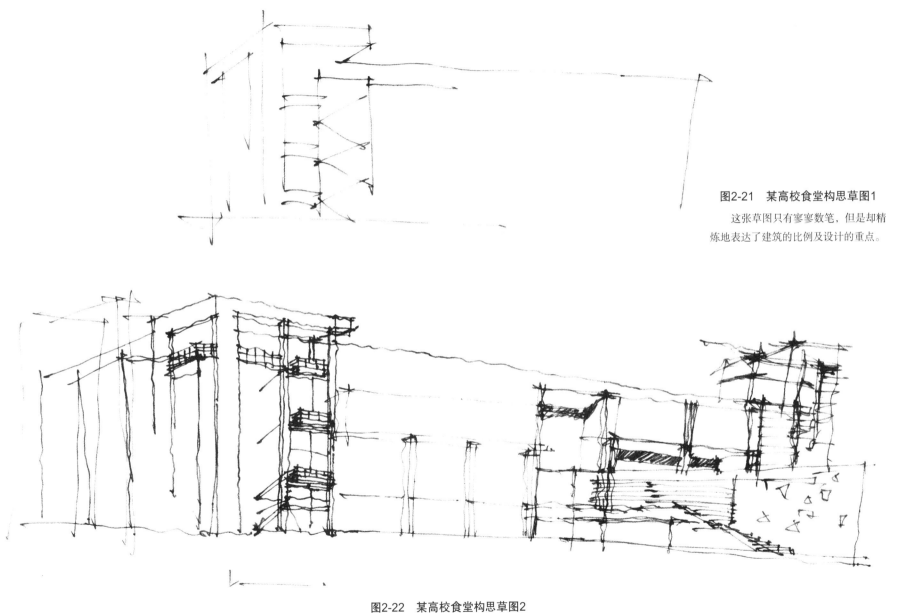

**图2-21　某高校食堂构思草图1**

这张草图只有寥寥数笔，但是却精炼地表达了建筑的比例及设计的重点。

**图2-22　某高校食堂构思草图2**

这张草图是在上一张草图上的深化，这个方案的核心构思是通过与室外空间便捷地交通联系实现使用的方便，所以各个类型的竖向交通以及主入口成为这一稿草图的设计重点。

元画出来，这样，立面的肌理已经形成（图2-23），进而可以在此基础上通过对重要功能性空间的形式处理使得构思更加完整。这类重要的功能性空间包括建筑的出入口、檐口、屋顶、楼电梯间等辅助性空间等，也可能是一栋建筑中与其他重复功能单元不同的空间形式，如一栋旅馆建筑中的餐厅，一个办公建筑中的大报告厅等（图2-24）。它们将形成建筑立面基本母题之外的虚实、韵律、开合等形式语言，丰富建筑立面的表达（图2-25）。

**此阶段草图表达的主要步骤及内容**

1. **随手勾画立面概念构想图**

   主要形式

   可以控制立面风格的重要造型

2. **画出体块透视轮廓线**

   准确画出体块的突出与凹进关系

   对重要功能部位的造型进行设计

3. **推敲立面细部构思**

   立面开窗的形式与比例

   考虑立面的材料及其表达方式

   考虑建筑结构的外在表现

**此阶段草图的主要类型**

- 信手涂鸦
- 立面图
- 透视图

**此阶段需要掌握的绘图技巧与原理**

- 透视的基本原理
- 立面设计的素材

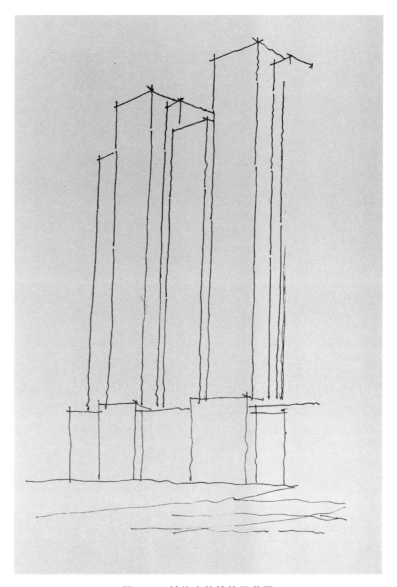

**图2-23 某住宅体块构思草图**

住宅设计的最大特点是立面及平面的单元重复，所以控制好建筑的体块关系及处理好各类房间的开窗形式是构思的重点。首先按照平面及立面的关系画出体块透视线，下一步就可以在此基础上进行立面设计了。

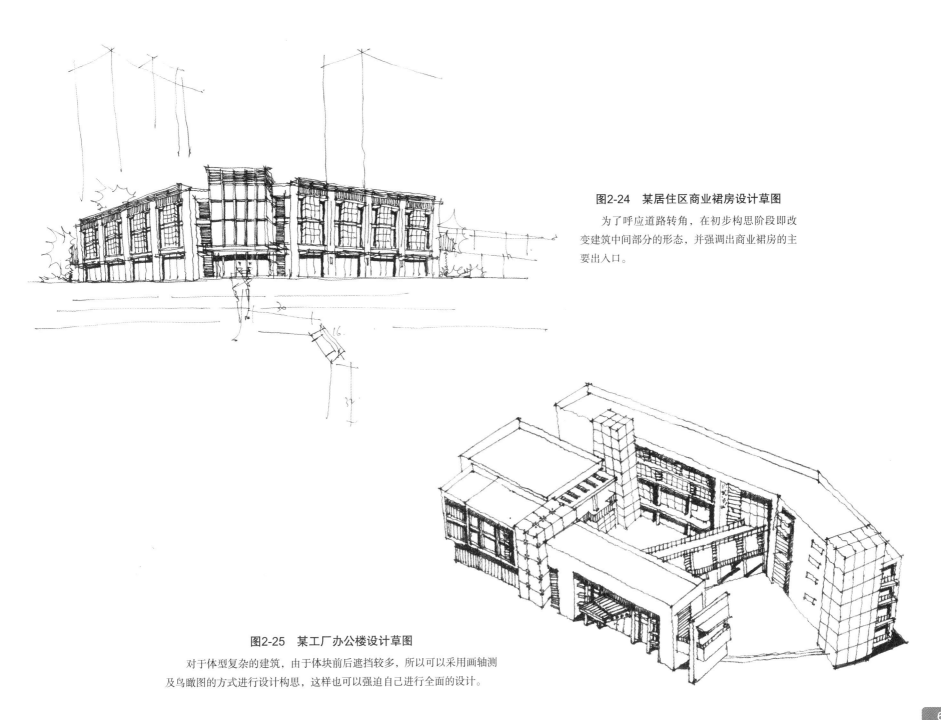

**图2-24　某居住区商业裙房设计草图**

　　为了呼应道路转角，在初步构思阶段即改变建筑中间部分的形态，并强调出商业裙房的主要出入口。

**图2-25　某工厂办公楼设计草图**

　　对于体型复杂的建筑，由于体块前后遮挡较多，所以可以采用画轴测及鸟瞰图的方式进行设计构思，这样也可以强迫自己进行全面的设计。

## • 整合设计

**依据平面建立体型框架**

**划分层高及开间**

**重点部位的设计**

**表达体量感**

整合设计的第一步是根据已经有的平面和立面创造一个图纸的框架。从平面到立面的设计方法只是许多通向设计目标的一个途径，对于这样一种路径，最后的透视图就难以避免地仅成为"表现"而非"设计"与"表达"的工具。但是，前已述及，对于手绘草图尤其是手绘透视图而言，它的作用绝非以"漂亮"的形式对已经存在的设计方案进行"美化"，而是会在设计过程中发挥巨大的作用，这种作用在建筑的体型设计中显得尤为突出。

当下，各种类型的设计语言层出不穷，建筑设计呈现出体型日趋复杂的趋势，这就使得借助立面这种二维图形模式进行的设计思考已经不能够顺利地完成设计创作，因为单纯的立面设计往往会掩盖许多建筑设计中的关键性问题，如体块之间交叉与转折的形式处理，体块的凹进与凸出，建筑结构体系与外墙体系的关系，建筑雨篷、窗台、阳台及其他构件的形式等。采用由三维图形进入建筑立面设计的方法使得建筑师必须在冥思苦想之中坚定地深化设计，无法自欺欺人地隐瞒和掩盖设计的粗略与缺陷（图2-26）。而三维设计思考习惯的养成，也有利于在下一阶段的工作中与甲方及其他相关专业的人员沟通，有利于对建筑设计的技术方案进行进一步的探索。

用三维的透视图或鸟瞰图的方法对建筑形式进行探索的过程其实对于大多数的建筑师而言并不陌生，但是却往往会成为用草图进行设计过程中一个无法绕过的巨大障碍，在这里遇到的挫折感也会使他们丧失继续用笔和纸进行创作的勇气。许多建筑师将无法绘出一幅表达精准的透视图的原因归结为无法利用画法几何原理正确地画出复杂建筑体型的透视，也因为这个原因，许多讲授建筑草图的书籍都将建筑的透视原理作

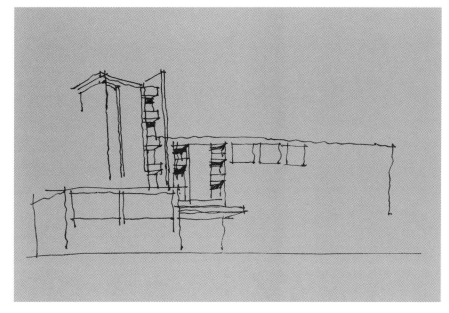

**图2-26　某办公楼构思草图**

为开篇的重点。但是，熟练地掌握了画法几何的原理就可以游刃有余地进行建筑透视草图的表达了么？经过大多数学习者的验证，答案是否定的。事实证明，画法几何原理正如手中的纸和笔一样，只是向建筑师提供了一个必不可少的工具，而且这项工具并没有想象中那样复杂。真正使得建筑师能够娴熟地进行透视表达的条件是以下几点：①对建筑造型的初步构思；②正确的透视表达流程；③对于建筑基本构成方式的娴熟空间想象能力（图2-27）。其中第一条构成了表达的基本内容，当然，它可以在这个阶段被继续推敲，但是初步的雏形无疑是促使建筑师开始勾画的起点。第二条是引导建筑师在草图绘制中持续推进设计的路径，正确的流程并不会使设计灵感消失，反而可以避免不必要的和毫无进展的反复勾画。空间想象能力是在其他书籍中经常被提起的抽象概念，它也常常成为迫使建筑师主动放弃手绘草图的重要原因。这项能力对于设计行业的从业者而言都是非常重要的，但是一位汽车造型设计师同一位

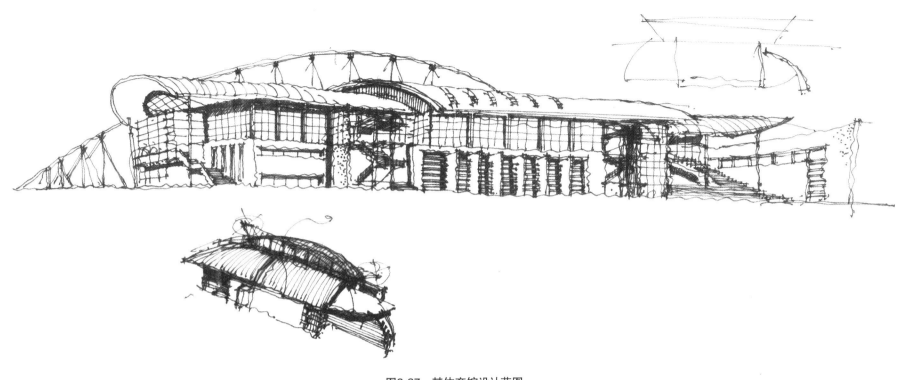

**图2-27　某体育馆设计草图**

体育馆功能复杂，所以先依据场地条件进行平面构思，在平面完成之后再进行立面设计。对于大跨度建筑而言，结构
的可行性非常重要，所以先画出非常小的透视草图推敲结构形式，再采用两点透视的方式进行立面设计。

建筑师所要掌握的空间想象能力无疑有很大的不同，这一点经常被许多
人忽略。建筑师所要掌握的空间想象能力是在充分掌握建筑构成基础上
的立体建构能力，是在熟悉了建筑的结构、空间构成、各类型的建筑构
件之后所形成的，与其说是能力的掌握，不如说是在知识积累基础上的
能力的提升。如窗户同外墙的关系，就可以分为窗户与外墙平齐、相对
于外墙凹进或凸出等几种情况。窗户与外墙平齐使得外立面非常平整；
凹入墙面的窗户会形成凹进的外边框，这样就会形成阴影，还需要考虑
外边框的形式（图2-28）；凸出于外墙的窗户需要考虑凸出的结构体系
及其在外墙面上的形式，同时也需要考虑它们在外墙面上的投影（图

2-29）。类似的例子还有很多，如果建筑师首先熟悉了建筑各个构件的
建构原理及多样的表现形式，则必然能在构思表达时更加游刃有余地掌
控手中的铅笔。

　　用草图进行整合设计的第一步是在平面轮廓的基础上建立建筑的体
型框架，这一步工作在初步构思阶段已经开始，这一阶段则需要更加详
细和准确的框架搭建，而这一阶段形成的草图也会成为下面各次草图的
重要底图。在选择好透视角度后，首先计算建筑总高度、总面宽及总进
深，将建筑各体块的外轮廓线绘于纸上（图2-30）。对于大部分建筑而
言，它们都可以被提炼为清晰的几何形式的组合，将复杂的建筑形体快

**图2-28　某沿街商业构思草图**

　　虽然这张草图只画出了转角的设计及几个重复的单元，但已经可以用这张图与他人沟通，避免时间和体力上的浪费。

**图2-29　某旅馆设计草图**

　　这张草图画在一张尺寸较小的草图纸上，所以并没有表达出过多的细节，但是立面由客房开窗所形成的肌理以及裙房体块的虚实对比关系都已经画得很清晰。

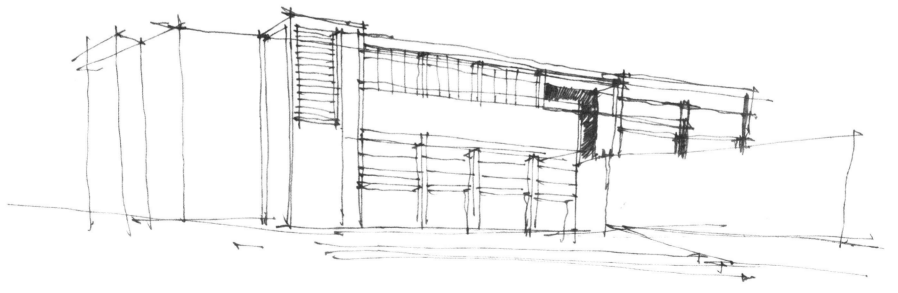

**图2-30　某高校食堂构思草图3**

速地简化为基本的几何形体再进行绘制是一个行之有效的方法。其次将各层层高及主要开间尺寸的网格线绘制在需要表达的建筑立面上，它们形成了进行整合设计的基本框架（图2-31）。对于透视表达而言，可以将视平线清晰地画在草图上，因为它将决定哪些面是可视面，哪些面是不可视面。在此基础上，就可以结合已经形成的立面构思进行进一步的设计了。

在这个阶段，需要注意建筑各个构件在平面上的空间关系。凸出在前面的部分可以首先进行勾画，如雨篷、阳台、窗台等，接着按照空间顺序及建筑构件的凸出、凹进关系依次向后勾画，这样的顺序可以使思维更具条理性也不至于造成图纸上的前后遮挡，关系错误。相较于单纯的立面设计，通过透视草图进行的设计过程在以下方面将更具优势，这也就提醒建筑师，下面的这些内容将是设计和表达的重点：①外墙转角（图2-32）；②各体块的交接部位（图2-33）；③特殊形体等（图2-34）。在设计这些重点部位时，首先需要考虑它们的立面处理方式，

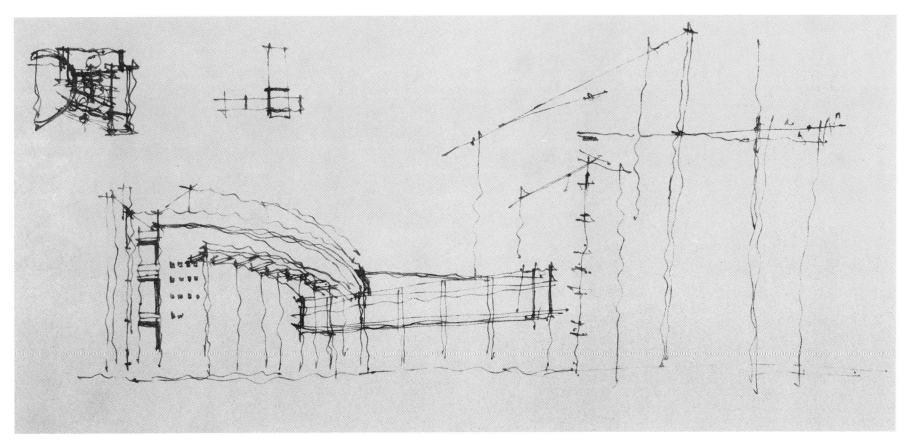

图2-31　某高校教学楼设计草图

这张草图反映出一个设计在纸上构思的过程。首先是平面的构思，在此基础上快速地形成体块透视轮廓线，接着在轮廓线上划分立面。

图2-32　某沿街商业构思草图

图2-33　某会展中心构思草图

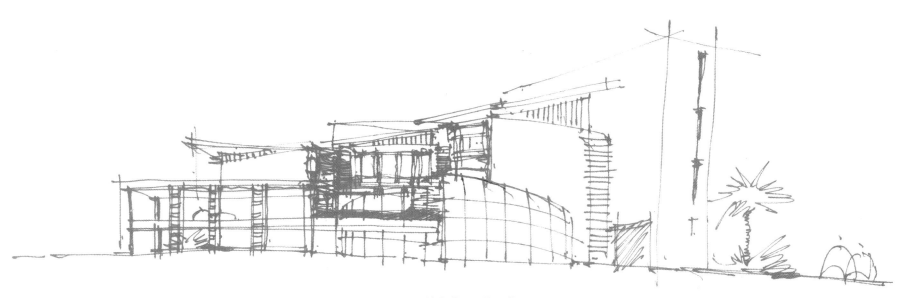

图2-34 某大学展厅构思草图

其次结合平面空间形式分析它们中各个构件的凸出、凹进关系，最后依据它们与视平线的相对位置对可视面进行分析并表达出来。对于在立面中大量重复的窗户、阳台、栏杆等建筑构成要素，可先完成一个单元，接着依据它们在立面高度上的不同对顶视面进行调整，或者依据它们在平面上位置的不同对单元的面宽进行相应的调整（图2-35）。

第二稿草图是进行设计构思的主要过程，应该将所有未完善的设计构思清晰地表达在草图之上，这一遍草图或许是最为凌乱的，但肯定也是信息量最大的（图2-36）。如果这一过程能够实现大部分的设计目标，那么，最后一遍草图就是极为轻松的享受了。按照平面空间顺序首先将线条进行仔细的描画，其次可以开始利用阴影等方式进行体量感的塑造。

建筑是在光线中存在的立体构筑物，立方体、球体、柱体与锥体都借助光影显现出更加完美的形式。在草图中，也可以借助对光影的表达将建筑的体量感与空间感更加明确地强调出来。需要说明的是，这种对于光影的表达可以是概念化后的抽象形象，它们与印象派画作中的那些充满空气透视感并融合了复杂色彩的光影不同，是为了塑造建筑的体量感。如果明白这一点，就可以在对光影的表达中游刃有余了。首先，可以通过打点或线条的方式区分明暗面，其次，分析可能会产生阴影的构件并借助平面空间的凸出、凹进关系将它们依据大小深浅的不同表现出来（图2-37）。

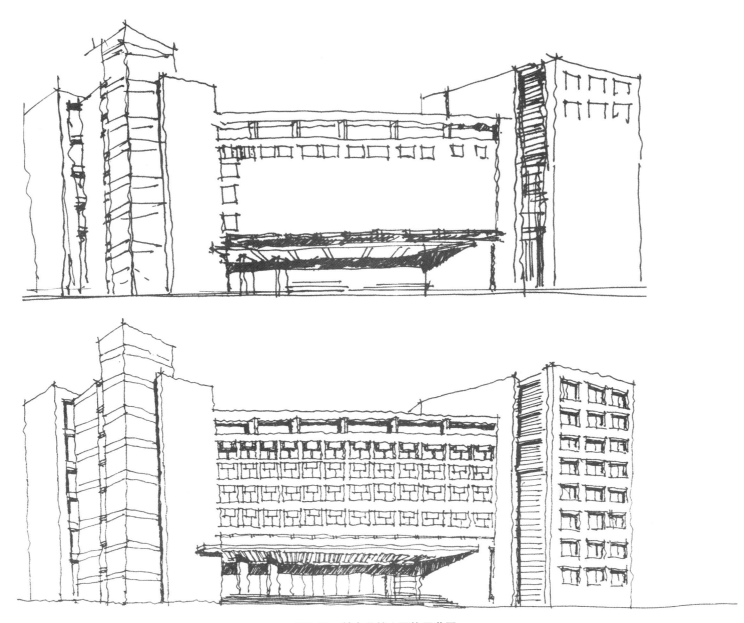

图2-35　某办公楼立面构思草图

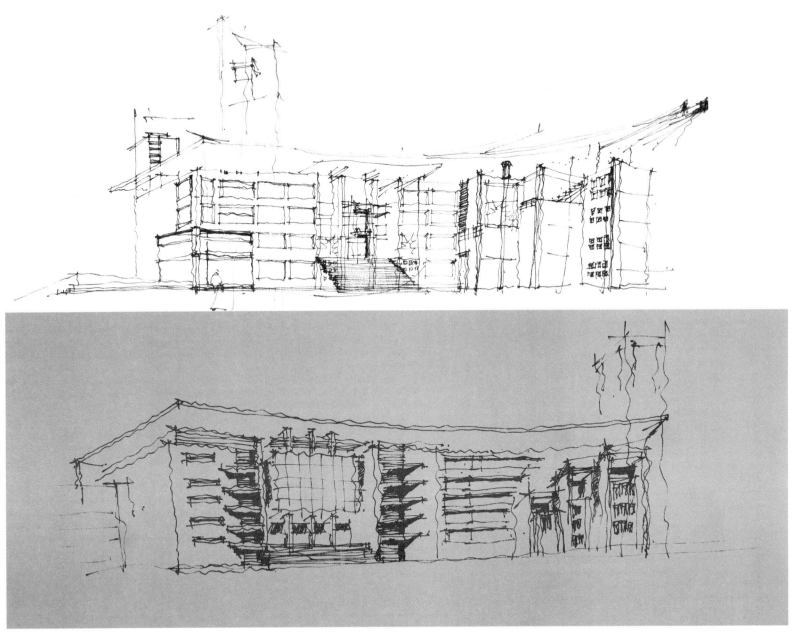

图2-36 某会展中心构思草图

图2-37　某社区图书馆设计草图

**此阶段草图表达的主要步骤及内容**

1. **依照平面构思画出形体透视框架**

　　将复杂形体简化为立方体

　　重点表达形体与形体之间的比例关系

2. **按照柱网及层高画出立面分隔线**

　　考虑结构体系在立面上的表达方式

　　考虑建筑立面的竖向划分方式

　　形成立面肌理

3. **在透视轮廓线的基础上推敲立面设计**

　　形体与形体的交接

　　重点部位的处理方式（楼梯间、电梯间、外墙转角、入口、特殊形体等）

4. **根据立面构思修改平面设计**

　　平面和立面整合考虑

**此阶段草图的主要类型**

- 透视图

**此阶段需要掌握的绘图技巧**

- 基本的透视原理
- 基本的结构布置知识
- 用透视原理对立面进行分隔
- 透视图的阴影表达

## 第三节　方案比选阶段的草图表达

- **用笔思考**

　**寻找问题**

　**复杂化与化整为零**

　　建筑设计的基本目标是提供一系列解决问题的方案，不要过早地将解决方案局限在某一个固定方向是此阶段的重要构思技巧。爱德华·德博诺曾提出了著名的激发不同设计灵感的两条路径，即"横向思考"和"纵向思考"。"纵向思考"是集中针对方案中的一个问题将它挖得更深更大，"横向思考"则引导建筑师扩大领地，换个地方挖掘。其实，在"用笔思考"的过程中，这两种思维路径都会激发新方案的产生。

在真实的设计过程中，通常会有两种动力推动建筑师不断探索新的方案，其一是建筑师自身的创作欲望，其二则是甲方或团队合作者的要求。而这两种需求都必须是建立在寻找新的问题以及新的解决方案之上的，否则有根据的"横向思考"和"纵向思考"都无从展开。设计过程中，经常会听闻某个甲方"把方案A和方案B结合"的要求，这往往令建筑师最无从下手，因为，对于成熟的设计而言，它们都是针对核心问题的系统解决方案。在设计的构思阶段，建筑师通常用图幅很小但信息量很大的草图表达关键问题以及针对这些关键问题的初步构思，在完成一个方案后，再翻出早期的草图，寻找曾经被抛弃的构思，找出它的不足并设法完善它是"横向思考"的方式。因此，"横向思考"通常会带来一个崭新的方案。比如寻找场地问题，可以带来不同的场地高差解决方式，寻找积极空间和消极空间的组织方式，可以带来不同的外部空间划分方式，另外还有不同的建筑体量组合方式，不同的内部空间组织方式，不同的文化意向解释方式，不同的建筑风格，乃至新的结构设计方案都会带来全新的构思。因此，留下初步构思阶段的草图，在此时进行深化往往会获得非同一般的惊喜。

另外，针对建筑形式某一部分或是整体的深入思考，也会激发新的方案的产生，这一途径就是"纵向思考"的路径。通常这个过程有三个具体的方法，即复杂化、简化和差异化。建筑的重点部位如楼梯间、门厅、檐口、开窗方式等是设计过程中描画的重点，反复勾画过程中形成的繁杂线条往往就隐藏着新的设计方案（图2-38）。复杂化是通过增加细部或者增加可行性的方式进行的，在思考某一部分如何实现以及实现后的真实面貌时，一般会通过增加细部的方式进行；简化是"化整为零"的反向思维，删繁就简的方式让设计思路回归原点也会带来新的构思；差异化则是刻意地寻找区别（图2-39、图2-40、图2-41），如"方"和"圆"，"古典"和"现代"，"高耸"和"平缓"等，都是形式上的差异，同时这些不同还会带来内部空间的差异，衡量新的形式

与新的问题也是探索过程中的必经之路（图2-42、图2-43、图2-44）。

当然，有时候在绘图过程中闪烁的直觉也会带来新的方案。当手在草图纸上不停地反复描画时，那些交缠在一起的复杂线条，往往会激发建筑师的灵感。

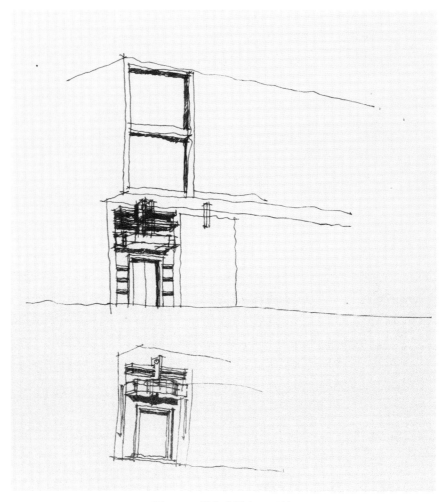

图2-38 某办公楼入口设计

图2-39　某办公楼设计草图1

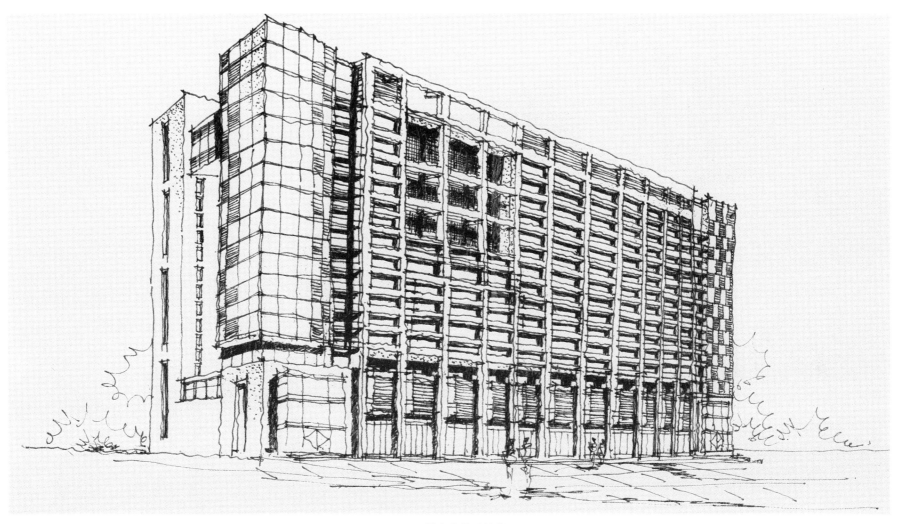

图2-40　某办公楼设计草图2

图2-41　某办公楼设计草图3

图2-42　某欧式办公楼设计草图1

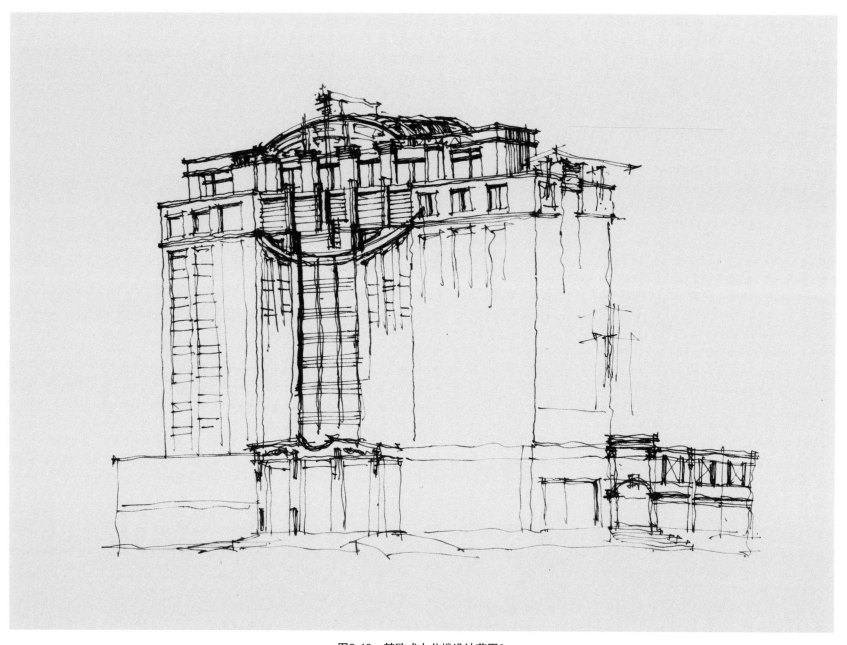

图2-43　某欧式办公楼设计草图2

图2-44　某欧式办公楼设计草图3

## ● 不同方案的形成

### 寻找相似性

### 先构思后表达

形成区别于以往方案的基本构思后，仍旧面临用手将它们表达出来的问题。此时，第一个方案的图纸往往会成为很好的基础，基于此图的描画也可以让新的方案快速形成。首先，要寻找两个方案之间的相似性。第一步需要确定的是平面的变化。通常，可以将平面方案归结到完整的平面网格中，平面网格涉及柱网及平面开间及进深的变化。平面形态若无变化，则两稿方案会有同样的透视轮廓线；平面若有部分增加或删减，也可以根据网格把原来的透视轮廓进行修改。确定了外轮廓线，接着可以先从变化最大的部分画起，因为变化最大的部分也是最容易反复描画的地方，先画修改的不确定的部分，再画确定的部分，可以减少不必要的重复，也不至于在枯燥的重复工作中丢失了创作的热情（图2-45）。

当然，对于那些彻底焕然一新的方案，可供沿用的透视线条较少，就需要重新进行方案的表达了。

**图2-45　某欧式办公楼设计草图4**

立面上的弧线造型是在前一稿草图的基础上修改而成的，把上一稿草图作为底图，只画出修改的部分，可以节约大量的时间。

## 第四节　方案完善阶段的草图表达

● **借助草图表达强化方案特征**

**改变透视角度**

**强调黑、白、灰关系**

**突出阴影表现**

提供多方案草图的目标一是帮助建筑师优化方案，另外则是供甲方或设计团队进行方案的比选。不同方案的优点和缺点往往都是在比较的过程中被放大直至发现出来，因此，为便于这项工作的顺利进行，在绘制草图的过程中可以采用一定的技巧强化方案特征。

首先，可以通过选择不同透视角度的方式强化方案特征。如两个高速公路服务区的方案，方案一强调体块横向展开的舒缓线条，所以透视角度的选择也较为平缓（图2-46）；但是，方案二旨在通过高耸的楼梯间打破横向展开的体块，突出服务区主入口，所以在绘制草图时扭转了透视角度，使建筑的纵向长度在画面中缩短，强调了楼梯间的透视感（图2-47）。

第二，可以运用线条的疏密所形成的黑白灰关系强化方案特征。对于出现重要变化的部分，可以用线条表达明暗面或材质的质感，形成区别于其他部分的更为强烈的黑白对比关系，加强视觉上的重要性。

第三，可以运用强化阴影的方式强化新构思的形态特征。例如某高校食堂的两个方案，方案二将左侧形体改为圆形，为了突出圆的形态，将弧形的梁在墙体上的投影精确画出，这样方案二试图借助圆形形体使建筑更加活泼的构思便被表达得非常清晰了（图2-48）。

**图2-46　某高速公路服务区设计草图1**

刚开始进行设计构思时，忽略高速公路服务区的特殊性质，所以建筑的特征并不突出。

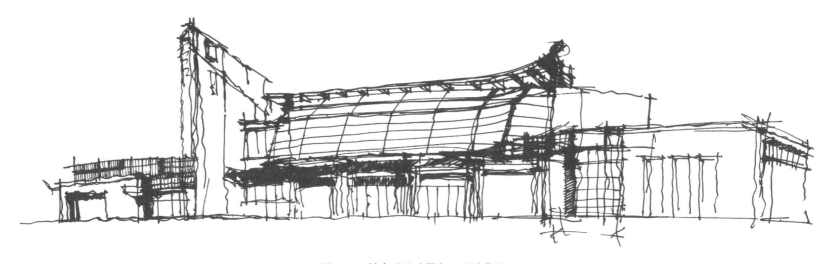

**图2-47　某高速公路服务区设计草图2**

这一稿草图以楼梯间为突破口，并借助一层连续的长廊与高耸的楼梯间形成对比，建筑特征一目了然。

**图2-48　某高校食堂设计草图**

从这两张叠合的草图上可以看出建筑设计是怎样一步步突进和优化的。

当然，上面所讲述的都是建筑形态上的方案表达，它们也是较容易被用笔画出的。其实，一个方案的好坏最直接的体现是空间，而这个则需要更多地依靠建筑师的专业修养去理解与阐释，因此，在用形态勾画建筑外在变化的时候一定不要忘记它们所直接影响的内部空间。

### ● 用放大的细部草图表达

表达的细节和精确性是与所画草图的比例及大小直接相关的。在设计的初期，如果把构思草图画得很大，由于信息过少而形成的空洞图面往往会使设计者灰心丧气。但是，在设计深化阶段，图面过小的草图又会导致思考无法深入，浮于表面。在本阶段，可以选择一些重要的以及较为复杂的设计部位画出放大的细部草图（图2-49），以便推进设计并利于他人的理解。在平面草图中，卫生间、楼梯间、电梯间及其组成的核心筒的布置通常是需要进行放大草图表达的重点部位，因为一旦预留的柱网尺寸无法合理地安排下所有的功能，则会带来平面的重新调整，因此，在此阶段进行更大比例图纸的推敲是必要的。放大的细部草图勾画应该是建立在精确的尺寸上的，否则就毫无意义。以卫生间为例，首先，在草图纸上画出柱网的轴线，并精确地画出墙厚，接着对卫生间进行功能分区布局，按常规尺寸画出各个功能空间，如小隔间、残疾人卫生间、洗手池、小便池，同时需要控制的是各种卫生器具的安装尺寸及使用尺寸，在没有非常必要的理由时不要设计非标部件，最后标注尺寸。

另外，还可以通过放大的细部草图来深化立面构思（图2-50）。通常在绘制初稿透视草图时，对于那些形体复杂的部位以及思考不完善的部位，建筑师一般会有意加以忽略，但也恰是这些在早期被忽略的地方往往会成为设计深化过程中的障碍。因此，强迫自己用放大的草图将它们画出来，并思考使它们可以实施的构造细部是非常重要的。

### ● 表达的精准性

#### 借助计算机进行表达

在形成完善的平面图、立面图及透视草图后，一个设计的完整构思

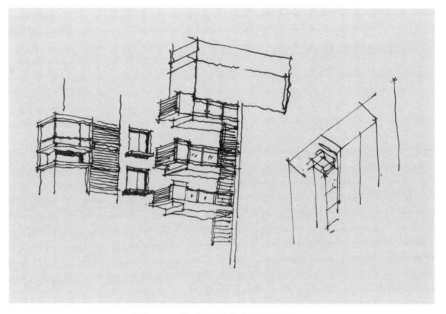

图2-49 某高层住宅立面设计草图

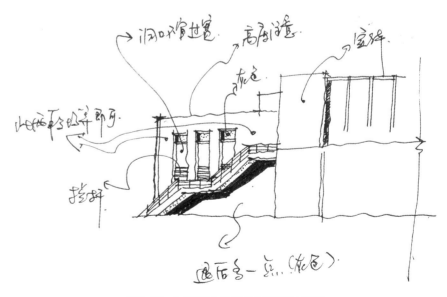

图2-50 某高校食堂室外楼梯设计草图

就形成了。通常，下个阶段的重要任务就是借助计算机进行精确的图纸绘制，最终形成方案文本。如果有了很完善的草图，这个阶段的工作就相当轻松了。首先可以利用Auto CAD程序在计算机上画出柱网，再将设计草图导入程序，调整草图图像在计算机中的大小，使草图的柱网与计算机程序中的柱网重叠，接着就可以在计算机中详细地描出平面图了。在平面图完成之后，立面图也可以采取同样的方式绘制。首先，画出由平面开间轴线以及层高辅助线所形成的网格，接着将立面草图导入计算机，调整大小使其与已经画好的网格对应，接着就可以在计算机上描出详细的立面图了。

## • 形成与效果图制作公司交接的草图

### 用草图进行信息补充

构成一个建筑设计方案文本的图纸包括平面图、立面图、剖面图及效果图。在创作一个建筑方案时，计算机效果图的完成往往要花费建筑师大量的精力，因为时间紧促，效果图的绘制往往是和设计创作同时开始的，建筑师经常要在效果图制作公司边构思边调整，如果调整过多，后面的制作工作也会随之增加，压力之大可想而知。所以，在开始制作效果图时就应形成与效果图交接的完整的图纸，可以减少时间的浪费和不必要的精神压力。建筑师可以提供平面及立面的计算机图纸，并提供设计过程中的手绘透视草图作为参考。计算机平面图、立面图纸框定了设计的大部分尺寸，设计的细部及立面表达不完善的构思可以用透视草图进行补充表达，同时，透视草图也可以作为透视角度选择的参考，减少了不必要的沟通和工作反复。

# 第三章 建筑设计后期过程中的草图表达

## 第一节 初步设计阶段的草图表达

- **绘制剖面**

  将方案阶段的构思进行有效落实

  深化和完善建筑空间关系

  推敲建筑结构体系

  表达建筑材料和构造做法

通常，建筑方案设计是建筑设计过程中最核心的环节，它也是最能够体现草图表达优势的环节，虽然在上述阶段建筑师也要进行目标明确的持续思考，但是大部分时间还是需要在放松、快乐的氛围中才能够获得令人意想不到的优秀方案。然而，一个优秀的方案不仅仅是奇巧的构思，还需要工程技术上的可行性，这就需要在初步设计及施工图设计过程中对方案进行完善和深化。

初步设计是各专业对方案进行综合技术经济分析的阶段，主要论证技术上的适用性、可靠性和经济上的合理性。由于是为施工做准备，该阶段图纸一定要尺寸精准，不差分毫，所以手绘草图在此阶段似乎没有用武之地。但是，这样的认识忽略了初步设计和施工图设计中的技术设计内容。各种构造措施、构件和构件之间的连接方式等内容都需要建筑师进行有针对性的创新设计（图3-1），这样才可以实现形式和技术的完美结合。既然这一阶段也有创造性的设计，那么手绘草图同样也可以发挥其辅助思考的作用。

首先是剖面的绘制，绘制一个内容详尽的剖面可以帮助建筑师推敲

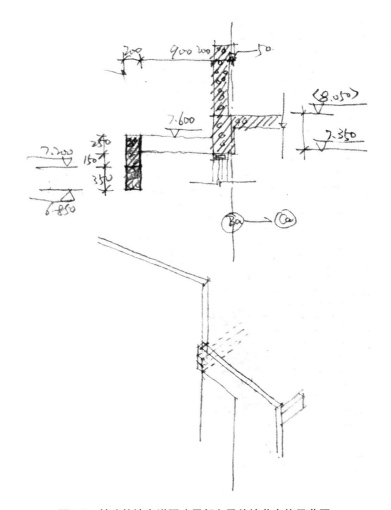

图3-1 某建筑墙身详图（局部）及外墙节点构思草图

和评估建筑空间关系，发现方案设计中的漏洞和问题，并对下一步需要设计的重要节点进行初步的安排。在方案阶段绘制的剖面图较为简单，仅需要表达室内外高差、层高、建筑檐口总高度等基本内容。在初步设计阶段，则需要借助剖面图继续深化和完善对建筑空间关系的表达，这种空间关系既包括建筑室内外的空间变化，也包括建筑的构件如梁、板、柱等所组成的空间体系。在《建筑工程设计文件编制深度规定》中，对初步设计阶段的剖面图需要表达的内容有如下规定：

①主要内、外承重墙和柱的轴线、轴线编号；②主要结构和建筑构造部件，如：地面、楼板、屋顶、檐口、女儿墙、吊顶、梁、柱，内外门窗、天窗、楼梯、电梯、平台、雨篷、阳台、地沟、地坑、台阶、坡道等；③各层楼地面和室外标高，以及室外地面至建筑檐口或女儿墙顶的总高度，各楼层之间尺寸及其他必需的尺寸等；④图纸名称、比例。

综上所述，初步设计阶段的剖面图主要需要表达三部分的内容，即：建筑的空间关系、建筑的结构体系、建筑主要部位的材料和构造做法。

在初步设计阶段，用徒手的方法来绘制剖面图可以帮助建筑师梳理建筑空间，确定结构体系和构造做法中存在的问题和难点，以便同其他专业的设计人员进行沟通和交流。同时，剖面图的绘制也是对下一步施工图工作内容的梳理过程，剖面图上往往清晰地反映出各个关键节点的位置，在这个过程中可以进行简单的思考以便明确下一步工作的重点内容（图3-2）。

在绘制此阶段的剖面时，建筑师应该具备设计基本结构布置方案的能力。例如，砖混结构需要布置承重墙，框架结构需要布置承重柱，并依据跨度确定板厚及梁高。

建筑剖面图可以按照从左到右、从下到上的顺序依次画出。首先，打印出一张合适比例的平面图将它固定于草图纸的上方。其次，选择建筑空间关系变化比较复杂的部位画出剖切线，如公共建筑的中庭、住宅建筑的错层部位等，因为此阶段的图纸都是提供给相关专业人员进行研

究并及时发现问题的，选择复杂关系部位可以帮助他们更好地理解建筑也可以暴露出更多的、需要进一步解决的空间问题和构造问题。然后，将

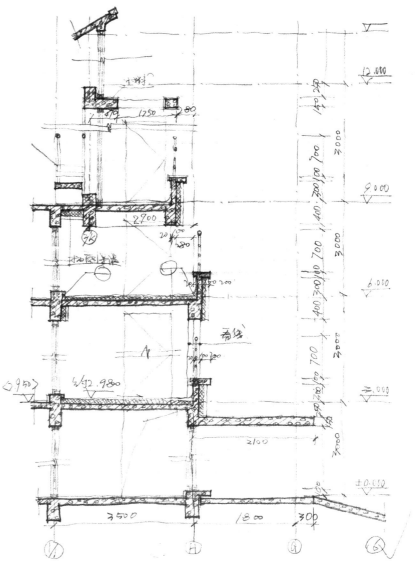

图3-2 某别墅建筑剖面图（局部）

平面上剖到的轴线依次向下引出，标上轴号为正式开始绘制做好准备。

此阶段虽然是徒手草图，但也需要按比例绘制，这样才能够在最终完成的图纸上形成非常直观且正确的空间关系，有利于建筑师作出正确的判断。可以在网格纸上从底层空间部向建筑上部依次绘制。绘制剖面图需要具备的最重要的素质就是耐心和细心，而最终是否能够画得正确则还需要熟悉建筑空间，熟悉常用建筑结构知识、常用构造做法以及常用建筑材料的表达符号。

在画底层平面的剖面图时，需要重点关注以下问题：

室外场地的地形、室内外高差以及室内外空间的衔接；入口的位置及形式；室内地坪是否有错层等高差变化；地下室及地上的覆土关系；门窗的位置、高度及形式、雨篷的高度及形式等内容（图3-3）。

在画底层平面时，需要熟悉建筑踏步及坡道的做法，建筑散水的做法，建筑基础及垫层的做法，建筑防潮层的做法，地下室的防水做法，建筑门窗、雨篷的细部做法等（图3-4）。当然，由于比例的关系有些构造做法不必详细地在墙面详图上画出，但是，可以在相关部位标上引出

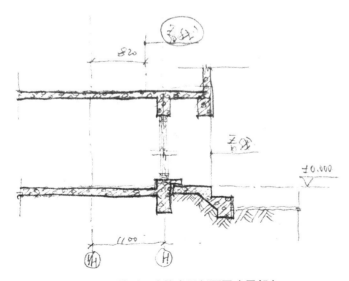

图3-3　某别墅建筑底层剖面图（局部）

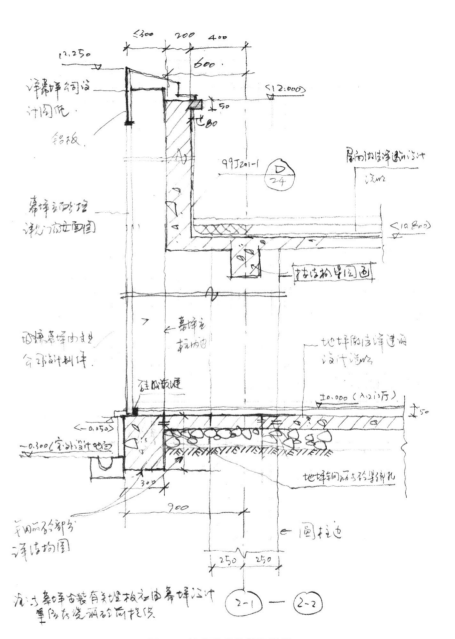

图3-4　某商业建筑墙身详图

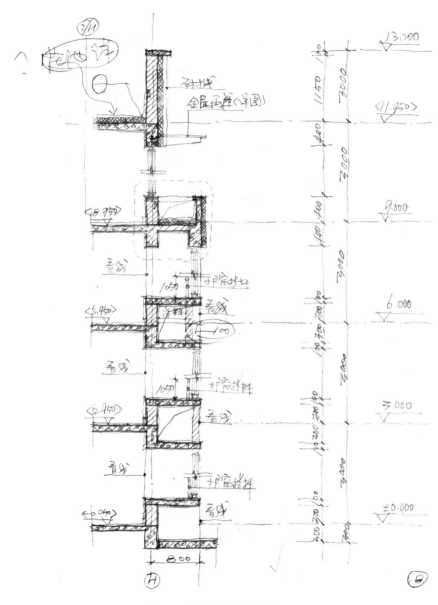

**图3-5 某别墅建筑墙身详图**

符号，以便为后续构造详图的绘制理顺思路（图3-5）。

在画中间层的剖面图时，需要关注以下问题：为表达设计初衷是否需要调整梁的位置及高度；是否有阳台、花池、设备平台等部位的特殊构造设计；是否存在为了外窗造型而局部挑板，以及外窗是否需要设置护窗栏杆；是否存在为了外窗造型的需要而改变外墙位置等。

在画顶层平面时，需要关注以下问题：檐口高度及檐口的处理方式；屋顶形式；屋顶防水做法；是否设置了露台及雨篷，顶层屋面防水、保温做法的正确表达等内容（图3-6）。

在用细线条画完所有图形后，可以对剖到的楼板层、梁、墙进行加粗。并进行标注。画出有疑问的地方与其他专业的人员讨论。

### • 研究方案的可行性

#### 建筑设计方案与结构布置方案的协调

#### 推敲净空高度

在这个阶段，建筑设计方案对于建筑专业来说是可行的，但是对于其他专业而言可能就不是最合适的方案。主要是考虑结构布置方案，发现结构布置方案可能对建筑空间的不利影响，尽可能早做修改。

在图3-7中，显示了推敲建筑设计方案与结构布置方案协调性的过程。一方面要保证建筑形式和结构布置方案的完整性，另一方面还要满足空间的通行要求和使用要求。

其中，一个重要的部位就是楼梯间。图3-8显示了对楼梯间的推敲过程。首先依照层高及一个踏步的高度计算出基本的踏步数量。其次画出如图所示的楼梯剖面示意图，尤其是要将承担结构作用的梁、板画出，并依照跨度计算其板厚，然后计算楼梯的通行净高。通常，楼梯的通行净高不但关系到行走的安全，还涉及休息平台下的空间利用以及通行的可能性。国家相关规范规定，楼梯平台上部及下部过道处的净高不小于2m，楼梯段处净高不小于2.20m。如果不满足规定，则需要尽早对楼梯布置方案及结构布置方案进行调整。用草图推敲空间关系，能够极大地提高效率，减少在计算机绘图过程中的机械劳动。

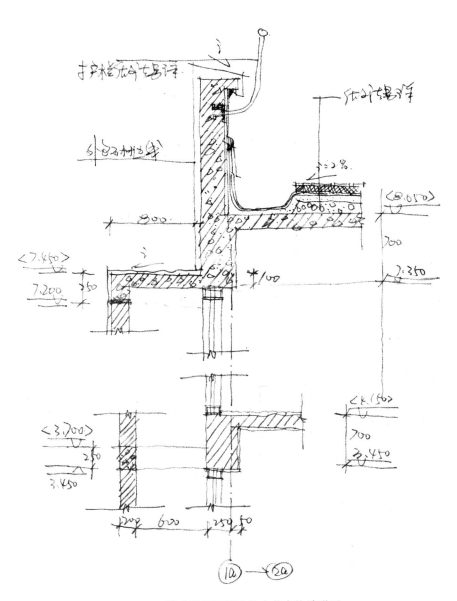

图3-6　某建筑屋顶檐口防水节点构造详图

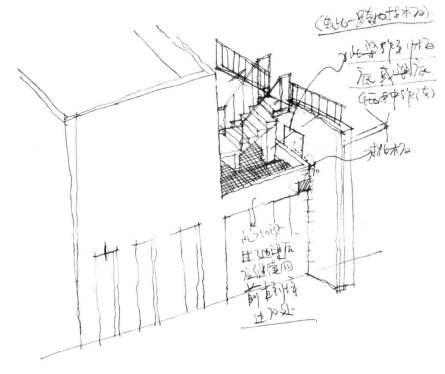

图3-7　某建筑室内外交接部位节点推敲草图

绘制这张图是为了思考在立面图中无法直观表达的细节，推敲建筑交接部位各种构件的关系。

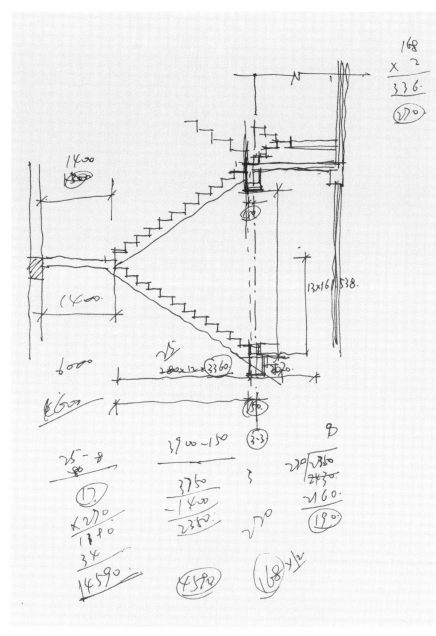

**图3-8 某建筑楼梯净空高度计算草图**

## ● 推敲细部做法

### 用轴测图辅助思考
### 研究不同材料的连接方式

建筑细部是构成建筑造型的基本组成部分，因此，从细部出发能够产生很多重要的设计构思。在初步设计阶段就是要对这些细部的特殊做法进行推敲，保证建筑构思表达的完整性（图3-9）。

通常，为了辅助思考可以先画出特定部位的轴测图，再画剖面图推敲细部做法（图3-10）。轴测图需要把各个面都画出来，避免了顾头不顾尾、顾左不顾右的局面，强制性地推进设计的深度。另外，此阶段需要研究的重点还包括材料和材料之间的衔接方式（图3-11）。在方案设

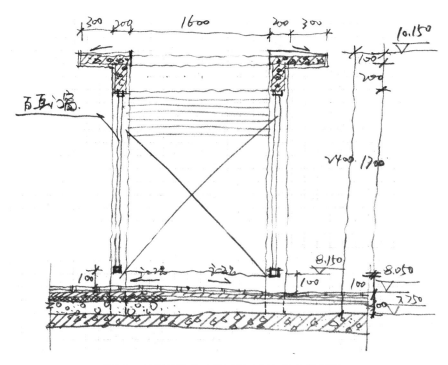

**图3-9 某低层商业建筑屋顶空调机位构造详图**

为了更好地遮挡放置于屋顶的空调室外机，画此图对遮挡构件进行清晰的设计。

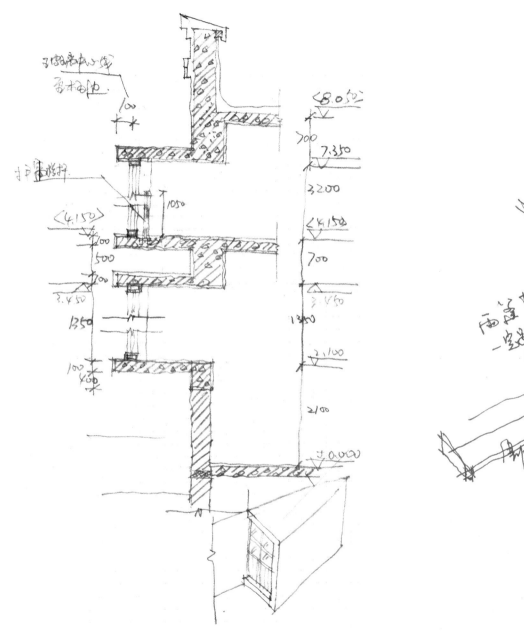

图3-10　某建筑外窗构造详图

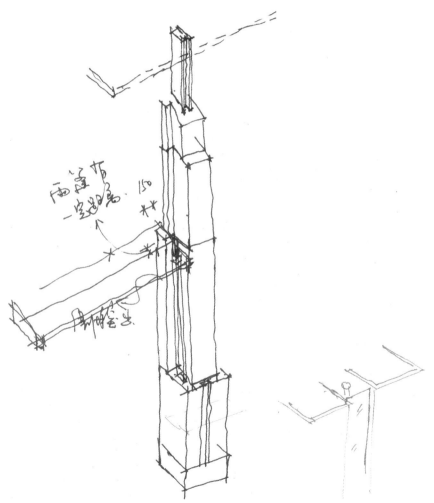

图3-11　某建筑外墙灯柱衔接示意草图

计阶段，为了追求建筑表现的丰富肌理通常会采用不同的材料，例如玻璃和钢、木材和钢等，在此阶段就要研究它们是如何连接的，是否需要增加固定件，尽早确定可行性，以避免在施工图阶段对方案进行修改。

## 第二节　施工图设计阶段的草图表达

### • 梳理施工图设计程序

**安排工作进度**

**协调手绘工作与计算机工作内容**

**画得有逻辑性**

通常，很多初学者会认为进入施工图设计阶段，手绘草图就毫无用武之地了。许多长期负责施工图设计的建筑师也很少用手在纸上画图，久而久之，就愈发害怕动手，曾经在学校苦练的手头功夫也慢慢淡忘了，渐渐地，距离有创造性的思考也会越来越远。施工图设计是持续时间长、涉及专业多并且工作内容复杂的设计阶段，在这个过程中需要各个专业的设计师对初步设计图纸进行更加详细的量化和深化，不断完善和修正最初的建筑构思，同时达到可供实施的要求。因此，如果画图时头绪混乱、安排不当、与其他专业协调沟通不顺畅就会为后期工作带来很大的障碍。很多年长的建筑师都有建立自己的工作日志的习惯，这个日志可能是一个适合画图的笔记本或者是单位统一印制的网格纸本，在一个项目开始时就随身携带。在施工图设计初期，在本子上记录工作安排和流程，研究图纸内容和怎样画得更有条理；在进入图纸绘制阶段后，可以在纸上随手勾画复杂的构造详图、墙身详图，或特殊做法，在纸上理清思路之后使得在计算机上的工作事半功倍；当需要与其他专业沟通时可随时用草图的形式辅助语言表达，增加沟通的效率也避免产生误会。当整个项目的设计完成时，就可以收集厚厚的一本资料，成为以后工作可参考的积累。其实，在这个阶段，手、纸、笔的灵活性才被真正挖掘出来。表3-1列出了在施工图阶段可以用手绘来完成的工作内容。

施工图的绘制，任务庞杂，工作周期长，如果没有一个统筹安排，会导致工作杂乱，图纸质量不高，而且在这个过程中需要频繁与其他专业互动，如果没有各个专业设计师的统一安排，也会造成许多不必要的重复工作与图纸改动。一般而言，施工图绘制的步骤包括以下内容，统计图纸数量，在这个阶段，项目负责人需要对施工图的内容和数量进行全面的规划。接着可以按照平面图、立面图、剖面图、详图的顺序开始绘制。在这个阶段，需要建筑师推敲材料做法、细部构造和无障碍设计。需要在图纸上落实防水、防潮、保温、隔声、防火、抗震等技术措施。施工图是建筑设计最后阶段的图纸，是进入工地指导施工用的，所以必须准确、详尽。需要把每一处都交代清楚。以剖面图为例，在施工图阶段可以借助草图推敲层高、梁高及净空高度。此阶段对层高的控制必须精准，否则会带来设备空间不够或净空高度不足等问题。在此阶段，结构专业初步确定了梁高和板厚，而每一层需要的净空高度是由建

表3-1　建筑施工图绘制中的手绘工作内容

| 建筑专业施工图图纸内容 | | 适宜用手绘进行前期构思的内容 |
|---|---|---|
| 建筑设计说明 | | |
| 总平面图 | | |
| 建筑平面图 | | |
| 建筑立面图 | | |
| 建筑剖面图 | | 用手绘草图推敲空间关系 |
| 建筑详图 | 平面构造详图 | 楼梯详图 |
| | 立面构造详图 | 电梯井道详图 |
| | | 坡道详图 |
| | 剖面构造详图 | 卫生间详图 |
| | | 其他平面详图（如机房） |
| | | 墙身详图 |
| | | 吊顶详图（复杂项目要画管线综合图） |
| | | 其他详图（如：防水节点） |
| | | 门窗详图 |

筑师依据国家相关规范和建筑空间的使用及艺术要求确定的，这样就可以算出每一层的结构标高。这些重要的数据都需要详细地标注在图纸上，这样在正式用计算机绘制时就可以做到有的放矢和有条不紊（图3-12）。

### ● 绘制构造详图
**从轴测图到构造详图**
**重视文字和数字标注**

另外一个重要的工作就是绘制构造详图。通常，需要绘制的构造详图有两类情况，一类可以参考标准图集，另外一类则需要建筑师根据自己的方案进行设计，这两种情况都要求建筑师熟悉常见做法，因此，在工作和生活过程中可以利用手绘草图进行资料收集。通常，台阶、坡道、散水、地沟、楼地面、内外墙面、吊顶、屋面的防水保温、地下防水等构造做法都是需要绘制的重点（图3-13）。对于复杂的构造节点，仍旧可以借助手绘轴测图进行辅助思考。图3-11显示了一个转向灯柱的设计。处在墙体交接处的灯柱，为了配合立面风格设计了许多线脚，先画出轴测图，再根据此图绘制灯柱的平面、立面、剖面，这样可以同时控制建成后的效果（图3-14）。

另外，墙身详图也可以借助草图进行先期思考和绘制。在施工图的绘制工作开始前，项目负责人会在建筑平面图、立面图上索引出所有需要绘制墙身详图的部位，即空间关系具有代表性的部位，建立一个初步的图纸目录，这样就可以将工作安排给各个工程师，方便后续工作有序地进行。

通常而言，墙身详图主要是建筑师为了实现外立面效果而对涉及的结构构件和外墙装饰构件的空间关系及尺寸进行设计的图纸。重点是要控制外墙和梁、柱的关系，梁的位置及尺寸，幕墙与墙梁的关系等，以便让结构、设备等相关专业的设计师读懂建筑图纸，理清空间关系，进而在各自的专业范畴内帮助实现建筑构思。

墙身详图是典型剖面上典型部位从上至下连续放大的构造详图。在

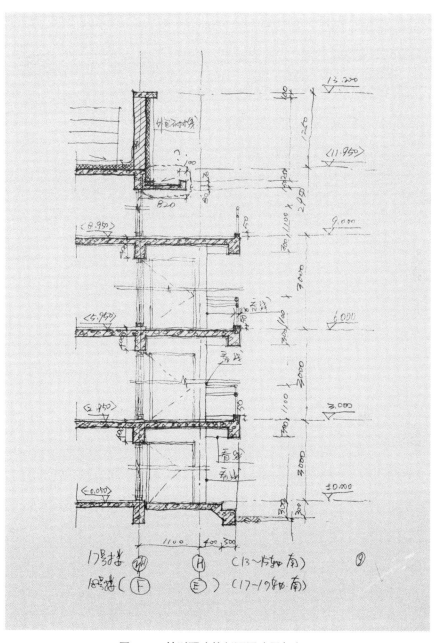

**图3-12 某别墅建筑剖面图（局部）**

墙身详图中，应该清晰地绘制剖到和看到的梁、板、柱，表达外墙及屋顶的防水、防潮、保温等做法，交代构件与构件的连接方式，及设备管线的布置及室内外空间关系（图3-15）。具体内容分析如图3-16所示。

绘制墙身详图时需要有很好的空间想象能力，首先需要熟悉各层平面图，选择典型部位进行剖切。可以先将墙身中心线及各层层高控制线用点画线的形式画出，再从下到上进行绘制。先画剖到的墙体及梁、板、柱，再在剖切线的基础上增加楼地面做法，屋顶防水保温做法，栏杆、窗台的构造做法等内容。通常，一张草图往往不能够表达完上述内容，可以分阶段进行。第一张草图仅把剖到的墙体及梁、板、柱所表达的空间关系绘制清楚，对于已经思考完善的构造做法也可一并绘出，对于还不够清晰的节点做法则在该图上圈出，待思考完善后再进行绘制。

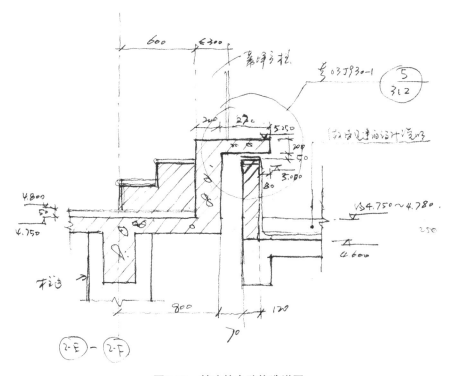

图3-13　某建筑台阶构造详图

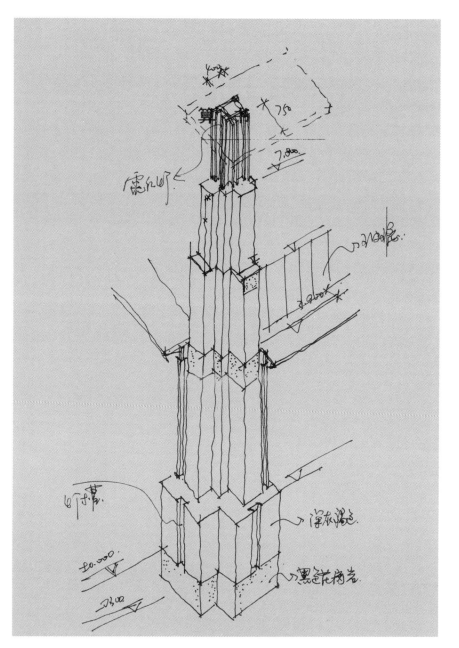

图3-14　某建筑外墙灯柱设计草图

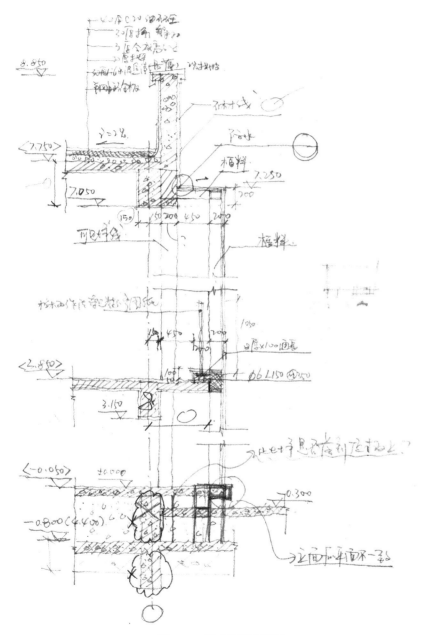

图3-15　某建筑墙身详图

这样可以使庞杂的工作被逐一分解，每一次草图绘制都解决相应的内容，逐步推进施工图设计的工作。

另外，与透视图不同，画这类草图时需要有严格的尺寸和比例，才可以表达准确并使思考过程深入。因此，在确定图纸比例后，可以借助网格纸进行绘制。

除却图纸表达，施工图阶段草图的文字标注也一样重要，它们也表达了重要的信息。在此阶段一般包括三类尺寸，标高、竖向尺寸及水平尺寸（表3-2）。尺寸应在图纸上有规律地分布，避免与图纸重叠，保证信息表达的清晰、准确。施工图部分需要标注的内容繁杂，所以可以借助草图对它们在图纸上的位置进行统一安排，为下一步进行计算机绘制时提供参照。

综上所述，在施工图设计阶段，手绘草图可以帮助建筑师理顺建筑的空间关系，理清绘图思路，避免后期出现较大的设计失误。手绘草图还可以作为项目负责人分配工作的依据，帮助他们与其他专业的工程师进行方案协调，使各专业人员对方案的理解更加透彻，进而齐心协力在各自的专业领域实现设计构思。

表3-2　需要重点标出的文字标注

| 标高标注位置 | 竖向尺寸标注位置 | 水平尺寸标注位置 |
|---|---|---|
| 室外地面<br>地面<br>楼面<br>屋面<br>女儿墙或檐口顶面<br>吊顶底面 | 层高<br>门窗（含玻璃幕墙）高度<br>窗台高度<br>女儿墙或檐口高度<br>吊顶净高<br>室外台阶或坡道高度<br>其他装饰构件或线脚高度 | 墙身厚度及定位尺寸<br>门窗或玻璃幕墙定位尺寸<br>悬挑构件挑出长度（檐口、雨篷等）<br>台阶或坡道总长度及定位尺寸 |

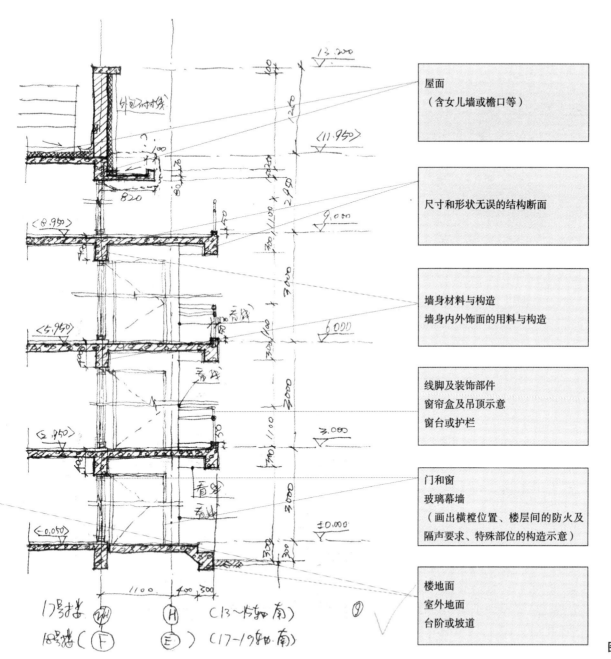

屋面
（含女儿墙或檐口等）

尺寸和形状无误的结构断面

墙身材料与构造
墙身内外饰面的用料与构造

线脚及装饰部件
窗帘盒及吊顶示意
窗台或护栏

门和窗
玻璃幕墙
（画出横樘位置、楼层间的防火及
隔声要求、特殊部位的构造示意）

楼地面
室外地面
台阶或坡道

图3-16　剖面图图纸表达内容分析

# 第四章　大门设计过程中的草图表达

## 案例1——高校大门设计

**第一稿草图**

此次草图绘制的目的是确定大门的平面形式及核心体块的概念构思。经过对校前空间的分析，确定了在校前广场中央树立标志性体块，并在两侧采用浮雕墙进行围合的布局。本次草图旨在建立直观的整体场景，并对中央的核心体块进行试探性设计，以便与甲方进行有效的沟通。

**绘制过程：**

1. 对场地条件进行分析，勾画大门的总平面，同时在脑中构思形体概念。

2. 将头脑中的形体概念快速地画出来，注意各个部分的相对尺度，而不拘泥于具体的尺寸。

3. 依照总平面的尺寸及大门体块的高宽比例确定大门的主要尺寸，将立面和平面的构思立体化，画出大门各个体块的主要透视线。

高校大门设计
钢笔，描图纸
设计阶段：
第一稿草图
概念构思

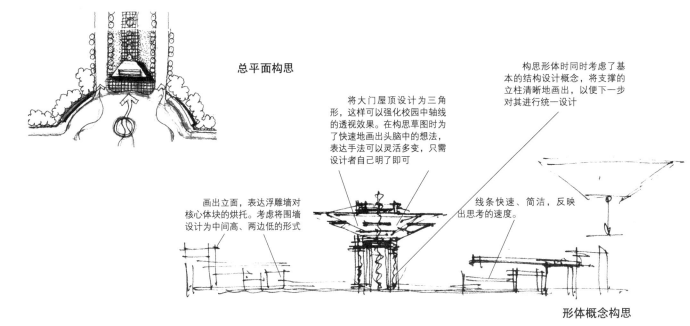

**总平面构思**

将大门屋顶设计为三角形，这样可以强化校园中轴线的透视效果。在构思草图时为了快速地画出头脑中的想法，表达手法可以灵活多变，只需设计者自己明了即可

构思形体时同时考虑了基本的结构设计概念，将支撑的立柱清晰地画出，以便下一步对其进行统一设计

画出立面，表达浮雕墙对核心体块的烘托。考虑将围墙设计为中间高、两边低的形式

线条快速、简洁，反映出思考的速度。

**形体概念构思**

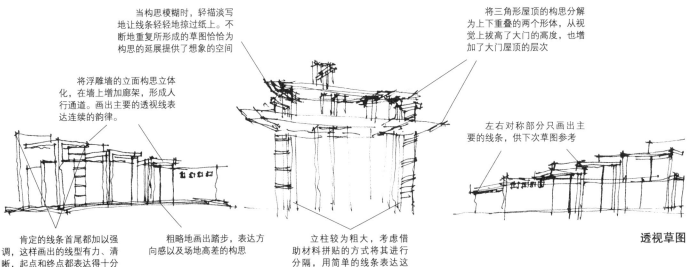

当构思模糊时，轻描淡写地让线条轻轻地掠过纸上。不断地重复所形成的草图恰恰为构思的延展提供了想象的空间

将三角形屋顶的构思分解为上下重叠的两个形体，从视觉上拔高了大门的高度，也增加了大门屋顶的层次

将浮雕墙的立面构思立体化，在墙上增加廊架，形成人行通道。画出主要的透视线表达连续的韵律。

左右对称部分只画出主要的线条，供下次草图参考

肯定的线条首尾都加以强调，这样画出的线型有力、清晰，起点和终点都表达得十分明确

粗略地画出踏步，表达方向感以及场地高差的构思

立柱较为粗大，考虑借助材料拼贴的方式将其进行分隔，用简单的线条表达这个构思

**透视草图**

第二稿草图

此次草图的目的是在已经确定的概念构思的基础上推敲大门各个体块的处理方式。对于核心体块，主要通过草图推敲柱体与屋顶的衔接方式，并考虑对粗大的柱体进行分隔。同时深入思考门卫用房的位置、校名的位置等功能性问题。考虑通过区分材质的方式强调各个构件的穿插与对比，深化围墙的设计。

将大门的主要体块及屋顶的透视关系表达清楚，并初步构思其立面处理方式，以便进一步深化

暂时考虑不清楚的地方用笔圈出来

重点表达主要体块的虚实关系，控制整体效果

画出阴影，表达墙体与构架之间的前后关系

用打点的方式区分材质

用示意性的线条表达伸缩门，无需过于精准

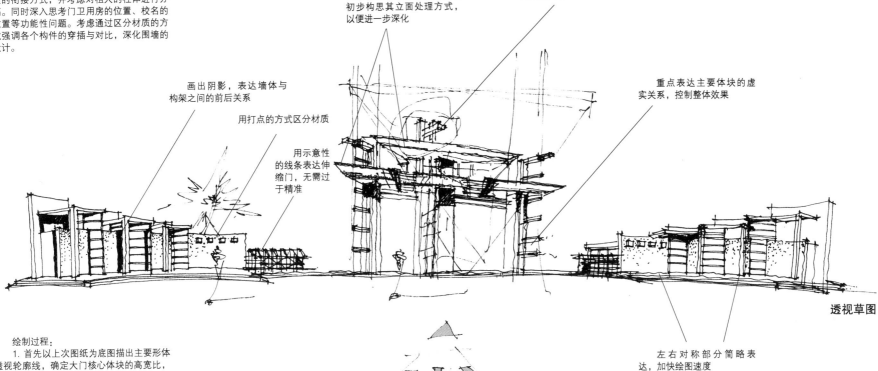

透视草图

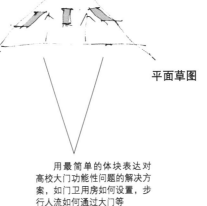

平面草图

左右对称部分简略表达，加快绘图速度

绘制过程：

1. 首先以上次图纸为底图描出主要形体透视轮廓线，确定大门核心体块的高宽比，对不准确的透视线进行修正。

2. 画出表达材质分隔的横向与竖向线条，区分体块的虚实关系。

3. 将平面中的主要形体画出，确定的构思详细勾画，不确定的构思仅表达体块，留待下一稿草图再进行深化。

4. 核心体块画完后，将两侧浮雕墙绘出，由于其形体较为简单，透视关系也较为单一，可以放慢速度进行全面的思考之后详细勾画。

虽然只有寥寥数笔，但是已经表达出柱体的形态及其与屋顶的关系等关键性内容

用最简单的体块表达对高校大门功能性问题的解决方案，如门卫用房如何设置，步行人流如何通过大门等

高校大门设计
钢笔，描图纸
设计阶段：
第二稿草图
深入推敲体块细部构思

第三稿草图

此次草图绘制的目的是在前两次草图的基础上继续推敲核心体块的细部处理方式，并着重将大门屋顶的细节表达清楚。

建筑的设计构思始终由第一稿草图形成的基本理念所引导，不断地推敲设计的细节以便形成与核心理念最为协调的整体

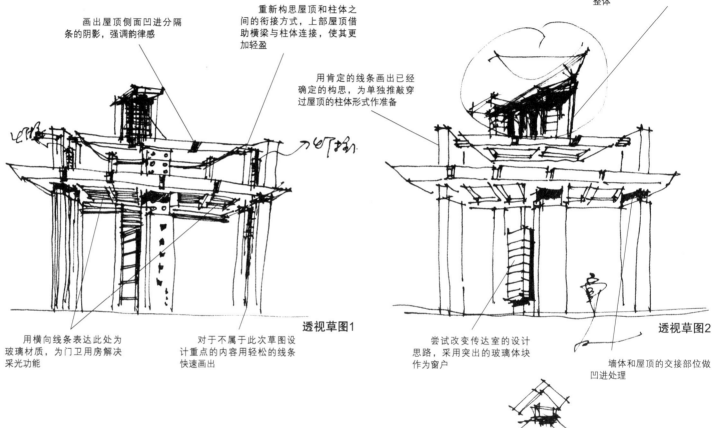

画出屋顶侧面凹进分隔条的阴影，强调韵律感

重新构思屋顶和柱体之间的衔接方式，上部屋顶借助横梁与柱体连接，使其更加轻盈

用肯定的线条画出已经确定的构思，为单独推敲穿过屋顶的柱体形式作准备

高校大门设计
钢笔，描图纸
设计阶段：
第三稿草图
对上次草图中的难点进行完善

用横向线条表达此处为玻璃材质，为门卫用房解决采光功能

对于不属于此次草图设计重点的内容用轻松的线条快速画出

尝试改变传达室的设计思路，采用突出的玻璃体块作为窗户

墙体和屋顶的交接部位做凹进处理

透视草图1

透视草图2

平面构思草图

绘制过程：

1. 在前次草图的基础上勾画形体轮廓线。

2. 清晰地勾画屋顶轮廓线，将屋顶进行分隔，减轻屋顶的厚重感。

3. 在两侧墙体嵌灯，解决照明问题，并重点将这一想法画出。

4. 改变大门顶部的设计，进行新的构思。

高校大门设计
钢笔，描图纸
设计阶段：
最终稿草图对大门进行细致的表现
与效果图制作公司沟通

最终稿草图
　　此次草图绘制的目的是对已经确定下来
的构思进行细致的表现。由于大门的核心体
块形体较为复杂，所以也将此张草图作为与
效果图制作公司沟通的图纸。
　　在这张草图中，将更多的细节表现出
来，玻璃分隔与形体之间的连接构件也更加
接近真实的尺度与受力状态。

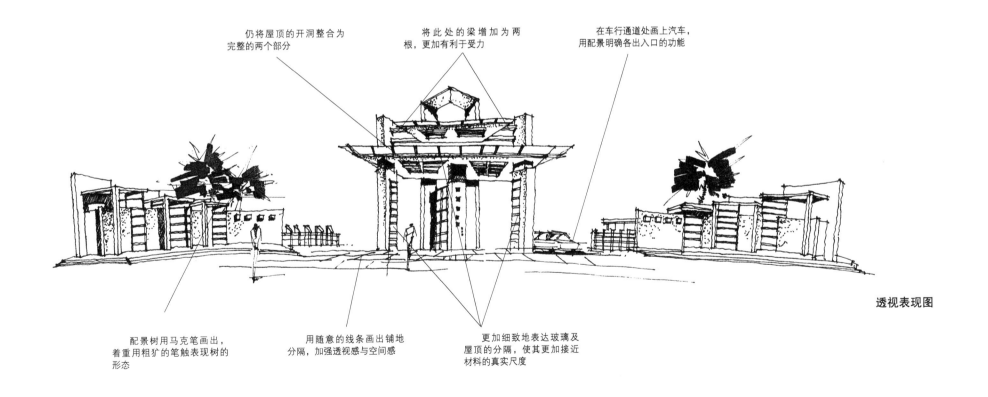

仍将屋顶的开洞整合为
完整的两个部分

将此处的梁增加为两
根，更加有利于受力

在车行通道处画上汽车，
用配景明确各出入口的功能

透视表现图

配景树用马克笔画出，
着重用粗犷的笔触表现树的
形态

用随意的线条画出铺地
分隔，加强透视感与空间感

更加细致地表达玻璃及
屋顶的分隔，使其更加接近
材料的真实尺度

## 案例2——高校新校区大门设计

高校新校区大门设计
钢笔，描图纸
设计阶段：
第一稿草图
概念构思

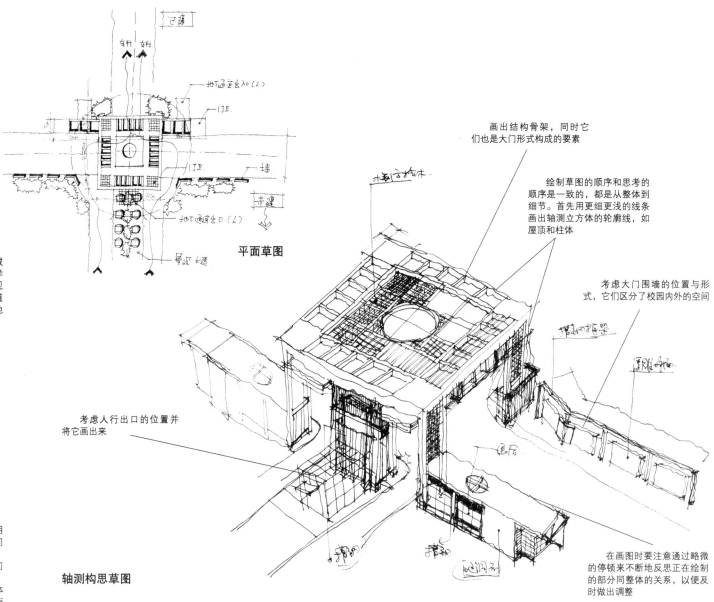

平面草图

**第一稿草图**

某高校学生宿舍区和教学区分别位于城市道路两侧，该校欲建设学校大门以解决学校的标志性问题及学生通行问题。对场地现状进行分析，考虑借助大门的设计将位于道路两侧的校区进行整合，并借助草图快速地将这一创意表达出来。

画出结构骨架，同时它们也是大门形式构成的要素

绘制草图的顺序和思考的顺序是一致的，都是从整体到细节。首先用更细更浅的线条画出轴测立方体的轮廓线，如屋顶和柱体

考虑大门围墙的位置与形式，它们区分了校园内外的空间

考虑人行出口的位置并将它画出来

在画图时要注意通过略微的停顿来不断地反思正在绘制的部分同整体的关系，以便及时做出调整

**绘制过程：**

1. 结合场地矛盾进行创造性构思，采用立体分层的方法解决机动车和行人的交通问题。
2. 在平面图上推敲初步想法，并对大门的尺寸进行初步计算。
3. 用轴测图迅速地画出大门简单的体块，大跨度导致的结构设计的合理性成为衡量该方案可行与否的重要因素。

**轴测构思草图**

高校新校区大门设计
钢笔，描图纸
设计阶段：
第二稿草图
鸟瞰草图

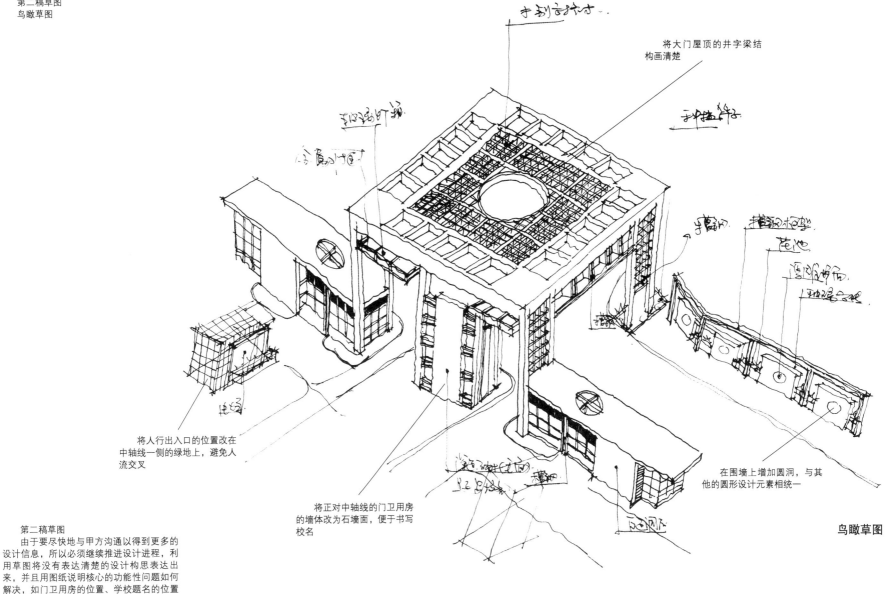

将大门屋顶的井字梁结
构画清楚

将人行出入口的位置改在
中轴线一侧的绿地上，避免人
流交叉

将正对中轴线的门卫用房
的墙体改为石墙面，便于书写
校名

在围墙上增加圆洞，与其
他的圆形设计元素相统一

**鸟瞰草图**

第二稿草图
由于要尽快地与甲方沟通以得到更多的
设计信息，所以必须继续推进设计进程，利
用草图将没有表达清楚的设计构思表达出
来，并且用图纸说明核心的功能性问题如何
解决，如门卫用房的位置、学校题名的位置
等。

## 案例3——医院大门设计

**第一稿草图**

本次草图是在与甲方初次接触后勾画的草图。甲方希望建造现代且兼具传统气息的大门，因此，考虑采用对称布局并在大门中间体块的顶部增加坡顶符号体现对传统建筑形式的传承，同时也与其后的医院门诊大楼相呼应。

**第二稿草图**

对大门的细部进行单独的深化和完善。这次草图无需再考虑透视线准确与否的问题，可以放松地对细部进行深入思考和严谨的表达。

**绘制过程：**

1. 查阅总体规划图纸以及医院沿街商铺和门诊大楼等建筑设计图纸，了解场地布局及相关尺寸。先画出沿街商铺并按比例预留出大门的空间，将门诊大楼的轮廓线画出。

2. 参照沿街商铺的高度确定大门门卫用房的高度，在图纸上画点标示。进而再参照人的尺度确定大门中间体块的高度，也画点标示。

3. 构思大门为中间高两边低的形式，先画出中间体块，主要表达屋顶的形式及梁柱等对屋顶的支撑，形成大门的骨架。

4. 简化处理两侧的门卫用房，仅画出两侧门卫用房水平伸展的屋顶以衬托中间体块的挺拔。

医院大门设计
钢笔，描图纸
设计阶段：
第一、二稿草图
与甲方初次接触
确定大门的基本形式

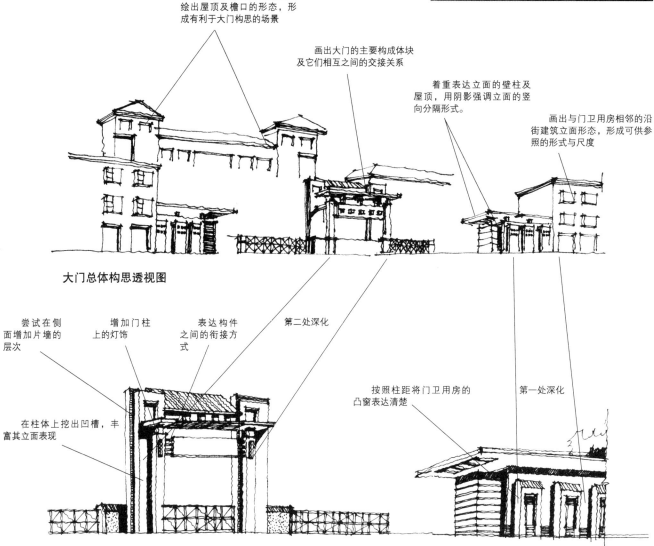

将位于大门背后的门诊大楼的轮廓线画出，尤其是绘出屋顶及檐口的形态，形成有利于大门构思的场景

画出大门的主要构成体块及它们相互之间的交接关系

着重表达立面的壁柱及屋顶，用阴影强调立面的竖向分隔形式。

画出与门卫用房相邻的沿街建筑立面形态，形成可供参照的形式与尺度

**大门总体构思透视图**

尝试在侧面增加片墙的层次

增加门柱上的灯饰

表达构件之间的衔接方式

第二处深化

在柱体上挖出凹槽，丰富其立面表现

按照柱距将门卫用房的凸窗表达清楚

第一处深化

**核心体块构思透视图**

102

第三稿草图

这一稿草图旨在推敲确定下来的构思的尺寸，将大门的构思完整地表达，对尺寸及材料进行详细的标注，便于下一步设计进程的推进。此次草图并非对上次草图简单的重复，在描画的过程中可以及时完善上一稿草图没有思考清楚的细节。

绘制过程：

1.以上一稿草图为基础详细地核算各个关键部位的尺寸，如檐口高度、大门总宽及入口空间宽度等。

2.画出详细的总平面图。

3.以前次草图为底，并依照确定下来的详细尺寸对透视轮廓线进行调整。

4.逐次按照前后遮挡关系从前至后增画细节。

5.用线条及打点的方式表达材质及明暗面。

6.画出阴影表达立体感并调整画面的黑白灰关系。

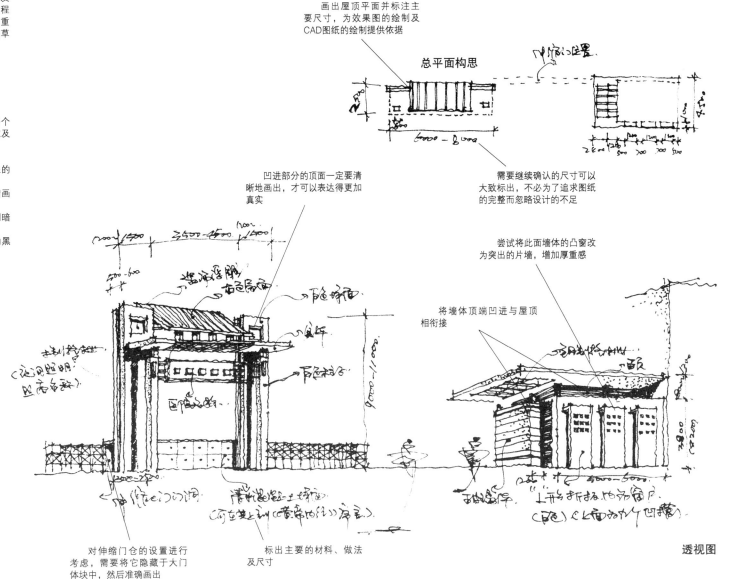

画出屋顶平面并标注主要尺寸，为效果图的绘制及CAD图纸的绘制提供依据

总平面构思

凹进部分的顶面一定要清晰地画出，才可以表达得更加真实

需要继续确认的尺寸可以大致标出，不必为了追求图纸的完整而忽略设计的不足

尝试将此面墙体的凸窗改为突出的片墙，增加厚重感

将墙体顶端凹进与屋顶相衔接

对伸缩门仓的设置进行考虑，需要将它隐藏于大门体块中，然后准确画出

标出主要的材料、做法及尺寸

透视图

医院大门设计
钢笔，描图纸
设计阶段：
第三稿草图
确定方案
进行效果图绘制

医院大门设计
钢笔，描图纸
设计阶段：
第四稿草图
改变思路
构思新方案

门卫用房的造型采用两
个矩形体块十字交叉的方
式，与中间部分的设计手法
相呼应

窗户采用竖向分隔，画出
竖向遮阳板的侧面墙体

**第四稿草图**
此稿草图试图打破原来的设计重新构思
新的方案。甲方希望能够在大门中间摆放张
仲景的人像雕塑，因此，这个大门实际上就
是为雕塑提供一个基座，并使它们在形式上
成为完整的一体。

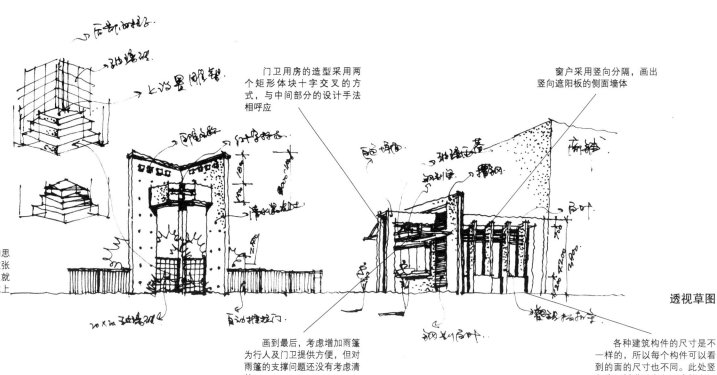

透视草图

画到最后，考虑增加雨篷
为行人及门卫提供方便，但对
雨篷的支撑问题还没有考虑清
楚

各种建筑构件的尺寸是不
一样的，所以每个构件可以看
到的面的尺寸也不同。此处竖
向遮阳板进深方向尺度较大，
会在墙面上形成较大的阴影

**绘制过程：**
1.由于设计目标已经明确，所以先在草
图纸上画小草图对形体和细部进行推敲。想
法成熟后直接动手绘制最终稿草图。
2.先画出主要形体轮廓线，再逐渐增加
细部，并把体块各个角度的面表达完整。
3.添加阴影和配景。
4.由于成图较快，对于图纸上没有表达
清楚的地方通过文字及局部小透视补充表
达。

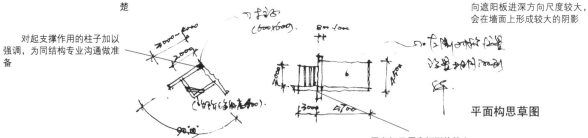

对起支撑作用的柱子加以
强调，为同结构专业沟通做准
备

平面构思草图

标出角度，供下一步细
化方案参考

画出门卫用房矩形体块上
被强调的两片交叉墙体，便于
向他人阐述方案

第五稿草图
　　前几稿草图均为对称方案，此次草图尝试构思一个形体不对称的方案，并尝试采用弧形形体。然而，通过与画面上医院病房楼的轮廓线进行对比后发现，弧形构思并不适合本次设计。

绘制过程：
　　1. 拿第一稿草图作为底稿，先画出一高、一低两个不对称的矩形体块。
　　2. 尝试将一个面改为弧形，发现与后面的建筑完全不协调，放弃。
　　3. 对矩形体块进行划分。

需要尝试弧形和矩形两种不同的构思时，可以先画矩形体块，再在矩形体块内增加弧形线条，这样比较容易控制透视轮廓线

这幅草图虽然线条重复较多，但是弧形和矩形两个体块还是容易辨认的

分隔体块的线条不断加粗，也使得矩形体块越来越突出，其实这也正是最后确定下来的构思

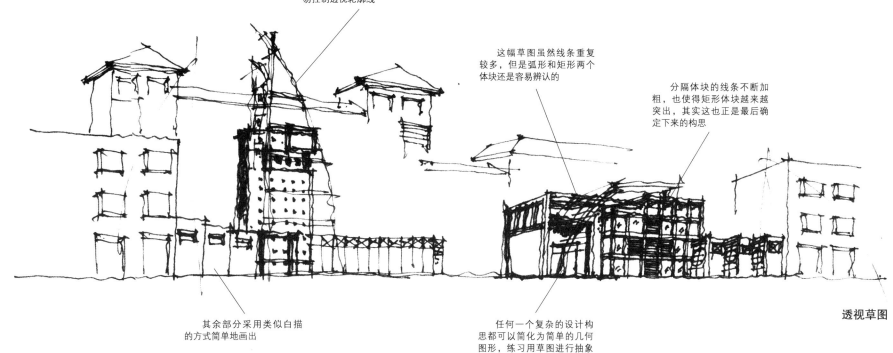

透视草图

其余部分采用类似白描的方式简单地画出

任何一个复杂的设计构思都可以简化为简单的几何图形，练习用草图进行抽象表达的能力将会使设计者受益终生

医院大门设计
钢笔，描图纸
设计阶段：
第五稿草图
构思形体不对称的方案

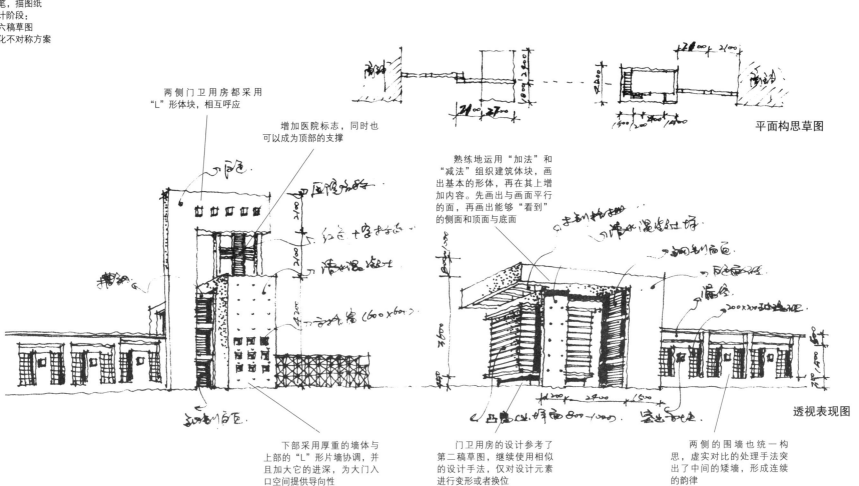

第六稿草图

本稿草图继续对不对称的方案进行深化。由于在短时间内构思如此多的方案并非易事，所以确定了大的体块划分方式后，一些细节的处理参照了前几次方案，或许仅仅进行了微小的变形，也可以令人有耳目一新的感觉。

医院大门设计
钢笔，描图纸
设计阶段：
第六稿草图
深化不对称方案

平面构思草图

两侧门卫用房都采用"L"形体块，相互呼应

增加医院标志，同时也可以成为顶部的支撑

熟练地运用"加法"和"减法"组织建筑块块，画出基本的形体，再在其上增加内容。先画出与画面平行的面，再画出能够"看到"的侧面和顶面与底面

透视表现图

下部采用厚重的墙体与上部的"L"形片墙协调，并且加大它的进深，为大门入口空间提供导向性

门卫用房的设计参考了第二稿草图，继续使用相似的设计手法，仅对设计元素进行变形或者换位

两侧的围墙也统一构思，虚实对比的处理手法突出了中间的矮墙，形成连续的韵律

第七稿草图
　依照上一稿草图制作出来的电脑效果图
并没有体现出设计者的最初构思，特别是
高起体块的立面分隔比例不佳，过于强调
"L"形构件的处理方式使得整个大门显得
较为呆板，因此对该案的立面进行了重新的
构思。

改变高起体块的"L"形
分隔方式，强调矩形体块的完
整性，立面开竖条窗洞，体现
挺拔感

将原来厚重的"L"形板
画得更为轻薄，同时改变整体
矩形体块的高宽比，整个形体
都变得更为轻盈

围墙两边墙体挖空增加横
向分隔条，使整个体量更加轻
薄

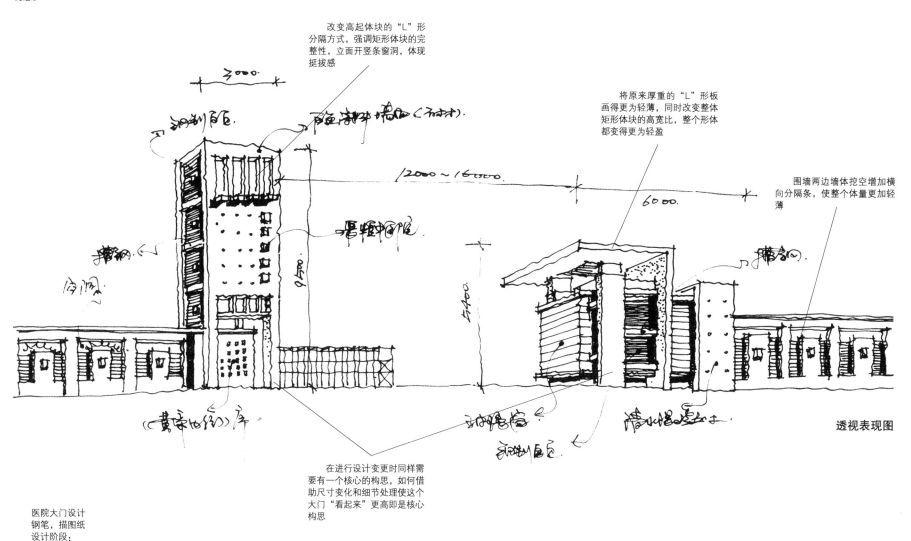

透视表现图

在进行设计变更时同样需
要有一个核心的构思，如何借
助尺寸变化和细节处理使这个
大门"看起来"更高即是核心
构思

医院大门设计
钢笔，描图纸
设计阶段：
第七稿草图
调整不对称方案体块之间的比例

## 案例4——高层住宅区大门设计

高层住宅区大门设计
钢笔，描图纸
设计阶段：
第一稿草图
形体构思

第一稿草图主要目标是进行大门的概念构思。甲方希望该大门大气并且形态独特，在综合考虑场地及周边建筑后决定通过几个形体的叠加与扭转形成独特的大门空间。

绘制过程：
1. 勾画大门的总平面布局，同时在脑中构思大门的形态。
2. 将总平面构思快速地画出来，注意各个部分的相对尺度，而不拘泥于具体的尺寸。
3. 按照总平面的尺寸及大门两侧住宅建筑图纸先将住宅的透视线画出。
4. 定出大门的高度，将立面和平面的构思立体化，依照高宽比画出大门各个体块的主要透视线。

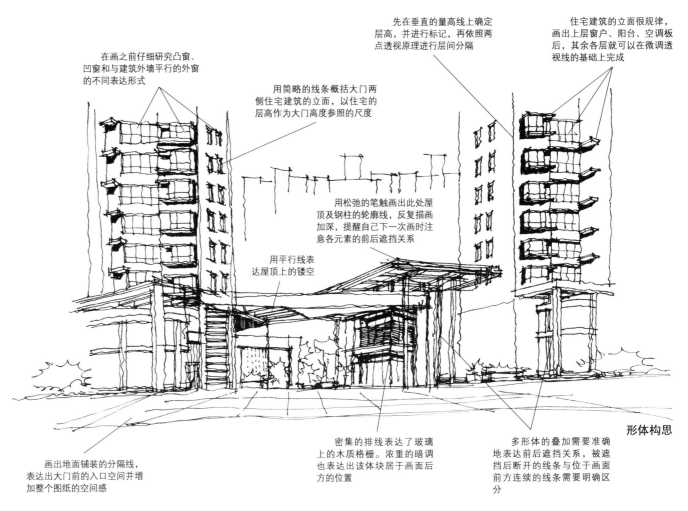

在画之前仔细研究凸窗、凹窗和与建筑外墙平行的外窗的不同表达形式

用简略的线条概括大门两侧住宅建筑的立面，以住宅的层高作为大门高度参照的尺度

先在垂直的量高线上确定层高，并进行标记，再依照两点透视原理进行层间分隔

住宅建筑的立面很规律，画出上层窗户、阳台、空调板后，其余各层就可以在微调透视线的基础上完成

用松弛的笔触画出此处屋顶及钢柱的轮廓线，反复描画加深，提醒自己下一次画时注意各元素的前后遮挡关系

用平行线表达屋顶上的镂空

**形体构思**

画出地面铺装的分隔线，表达出大门前的入口空间并增加整个图纸的空间感

密集的排线表达了玻璃上的木质格栅。浓重的暗调也表达出该体块居于画面后方的位置

多形体的叠加需要准确地表达前后遮挡关系，被遮挡断开的线条与位于画面前方连续的线条需要明确区分

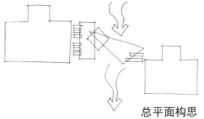

**总平面构思**

高层住宅区大门设计
钢笔，描图纸
设计阶段：
第二稿草图
构思的深化

画出住宅构成的主要元
素：窗户、阳台、空调板，
就可以用最简略的笔墨描画
出该住宅的主要特征，并形
成相应的尺度与韵律

简略的画出处于画面背
景位置的建筑轮廓线

这一稿草图的目标是在上一张草图确定
的透视线的基础上详细地思考未完善的细
部，将构思完整地表达出来，形成与甲方沟
通的草图。

依照透视关系画出柱子
的序列，结构体系表达的严
谨性会增加建筑的真实感

画出厚重的阴影，
表达出此处的实体斜面

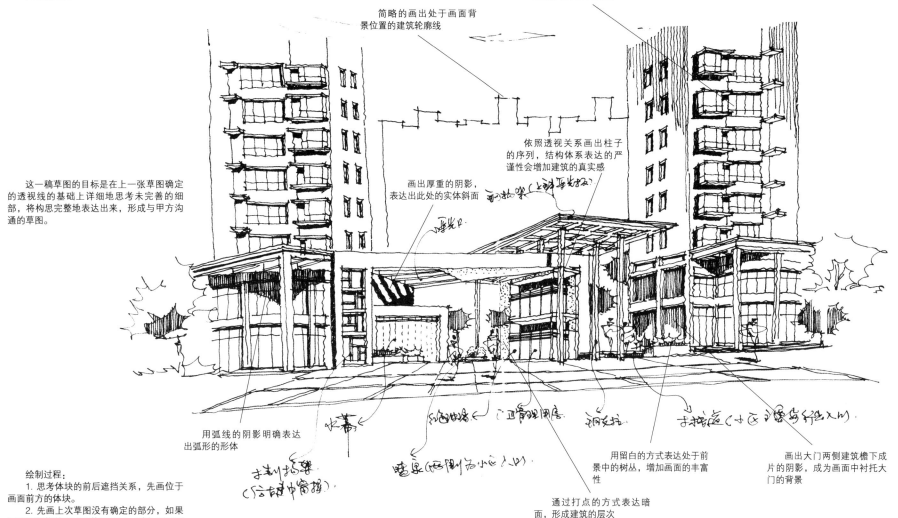

用弧线的阴影明确表达
出弧形的形体

用留白的方式表达处于前
景中的树丛，增加画面的丰富
性

画出大门两侧建筑檐下成
片的阴影，成为画面中衬托大
门的背景

通过打点的方式表达暗
面，形成建筑的层次

绘制过程：
1. 思考体块的前后遮挡关系，先画位于
画面前方的体块。
2. 先画上次草图没有确定的部分，如果
需要重新推敲即可以换纸重画，避免不必要
的重复工作。
3. 后画已经确定下来的线条以及作为背
景的住宅建筑。
4. 最后添加阴影及配景，并对整个画面
进行修饰。

高层住宅区大门设计
钢笔，描图纸
设计阶段：
第三稿草图
画出详细的总平面图及平面图，供方案深化使用

用不同的线型表达不同的含义
虚线：屋顶的投影线
粗实线：构成大门的墙体
点画线：小区入口景观的中轴线

大门方案已基本确定，下一步是用CAD软件按照精确的比例画出大门的平面轮廓线，并把它放入总平面调整尺寸和位置。在确定了最终尺寸后，可以先使用CAD软件画出主要的体块，再使用打印出来的图纸进行总平面图构思草图的绘制，这样可以使图纸的尺寸精确并加快表达的速度，节约时间。

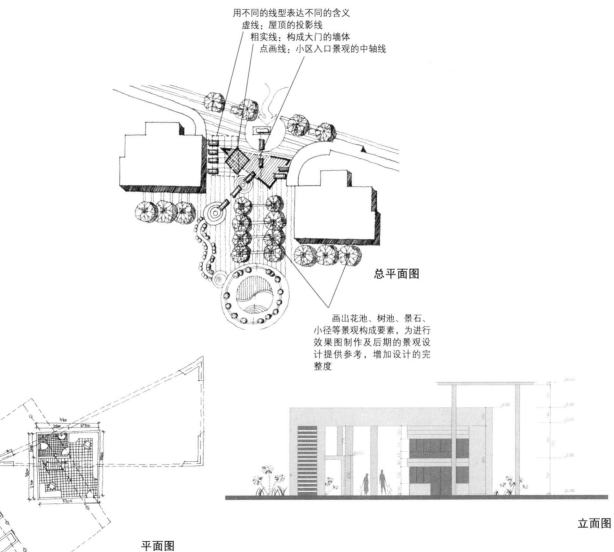

总平面图

画出花池、树池、景石、小径等景观构成要素，为进行效果图制作及后期的景观设计提供参考，增加设计的完整度

绘制过程：
1. 按照确定下来的形体构思使用CAD软件画出大门平面的轮廓线。
2. 把画好的图纸在CAD程序中插入总平面图看尺度是否合适。
3. 打印出初步的CAD图纸进行总平面构思及平面构思。
4. 构思完成后进行正式CAD图纸的绘制。
5. 将确定的透视草图及CAD方案图纸提供给效果图制作公司绘制效果图。

平面图

立面图

## 案例5——多层住宅区大门设计

多层住宅区大门设计
钢笔，描图纸
设计阶段：
与甲方沟通
构思草图

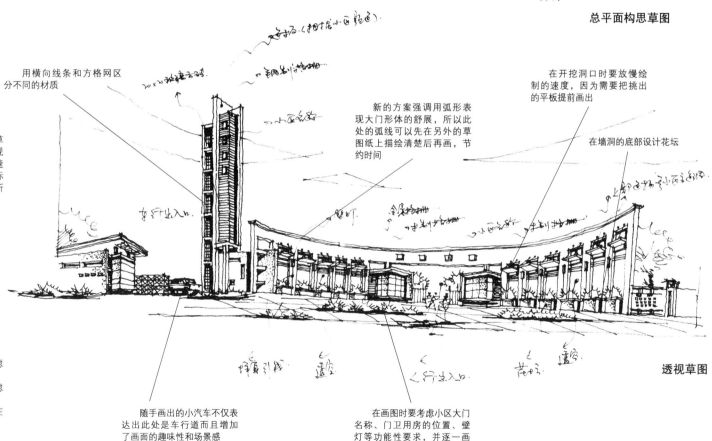

**总平面构思草图**

这张草图是在施工现场完成的构思草图。在该居住区的主体建筑都完成后，发现原来的大门方案效果不佳，所以在现场迅速构思完成了新的方案。左边的门卫用房及标志物立柱的形态仍旧沿用了上一次方案，所以只画了一遍就形成了较为完整的构思。

用横向线条和方格网区分不同的材质

新的方案强调用弧形表现大门形体的舒展，所以此处的弧线可以先在另外的草图纸上描绘清楚后再画，节约时间

在开挖洞口时要放慢绘制的速度，因为需要把挑出的平板提前画出

在墙洞的底部设计花坛

**透视草图**

绘制过程：
1. 依据场地情况及原来的大门方案考虑在哪些地方进行修改。
2. 先简单地画出大门的总平面图，考虑用连续的弧形片墙围合大门空间。
3. 把需要保留的原设计方案的透视线在纸上画出来，形成构思的场景。
4. 先画出弧形片墙的透视轮廓线。
5. 在片墙上挖出墙洞。
6. 完善各个部分的细节表达。
7. 画出配景及阴影。

随手画出的小汽车不仅表达出此处是车行道而且增加了画面的趣味性和场景感

在画图时要考虑小区大门名称、门卫用房的位置、壁灯等功能性要求，并逐一画出

这个公安局大门的设计方案是经过多次讨论后确定下来的。由于形态较为简单，所以直接用电脑绘制了方案的CAD图纸，这张草图是在CAD图纸的基础上绘制的，为甲方展示直观的效果，快速方便，同时也节约了画电脑效果图的时间和成本。由于这稿草图只是进行方案的表达，所以线条严谨、准确，画面干净利落。

细致地画出檐口下内嵌的装饰不锈钢条，清晰表达出建筑的细节，同时不要忘记画出挑出檐口的阴影

此处为信访接待室，画出能够看到的门廊的天花板及投射在玻璃上的阴影，表达出建筑的空间感

用流畅、连续的线条画出建筑的轮廓线，每两根线条的交角都略微出头，使得建筑挺括、有力，整张图纸看起来干净、清秀

画出玻璃分隔线及门把手，表达出此处有可以进入的功能性房间

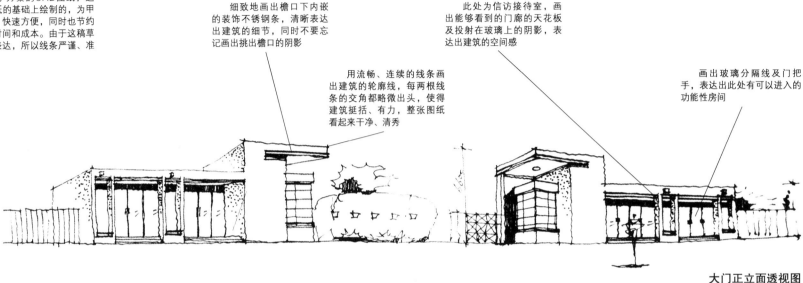

**大门正立面透视图**

绘制过程：
1. 分析大门设计方案的CAD图纸，着重记下涉及透视图表现的重要数据，例如门卫用房体块长宽高的尺寸、墙面上的开窗位置及大小、柱子的位置及尺寸等，并在脑海中构思透视图的意向。
2. 在草稿纸上绘制体块的主要透视线，并对其进行调整。
3. 由于大门立面的设计已经完成，所以可以直接在上一稿草图的基础上绘制细部。
4. 添加简单的阴影和配景，不影响整体方案的清晰表达。

大门背立面留有信访接待室的内部出入口，三角形的阴影表达出入口廊子的空间感

矮墙继续强调出连续的韵律，注意明确表达构件的前后遮挡关系

围墙不是此次表达的重点，用竖线条简略表达

清晰地画出每一个立柱的两个面，形成立面上连续的韵律美

与地面交接的透视线简化处理

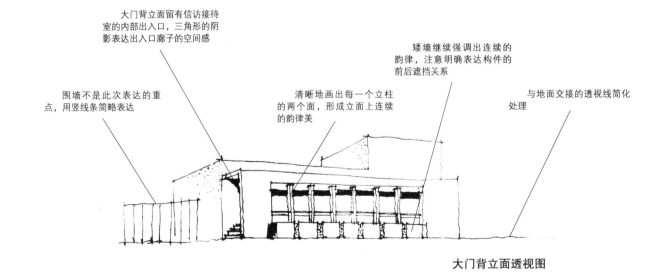

**大门背立面透视图**

案例6——公安局大门设计

公安局大门设计
钢笔，描图纸
设计阶段：
方案表现草图

该大门的建筑设计方案确定下来后即进入施工图设计阶段，但在进行方案构思时有些细部尤其是用立面无法表达出来的细节并没有思考清楚，所以在进行施工图设计前继续用不同角度的手绘图纸推敲细节，包括材料的拼贴方式及细部构件的连接方式，用直观的图纸推进思考进度。

此图绘制时选取的视点较高，这样可以避免思考的死角，重点思考构件之间的关系

用文字对无法表达清楚的材料进行辅助说明

该建筑的外立面计划采用石材，所以画出石材的拼贴方式，打点部分表示材料的转换，用色泽更淡或更深的石材形成分隔带

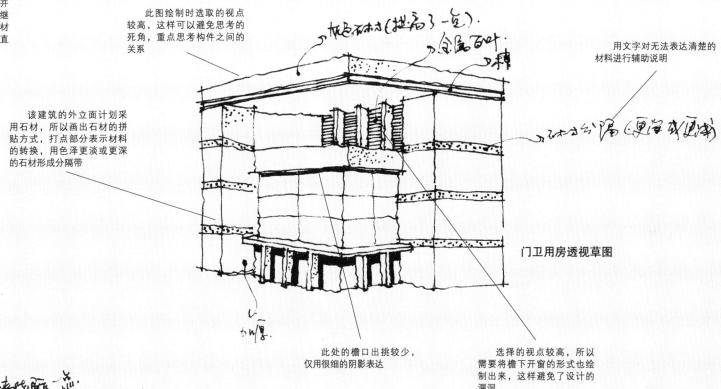

门卫用房透视草图

此处的檐口出挑较少，仅用很细的阴影表达

选择的视点较高，所以需要将檐下开窗的形式也绘制出来，这样避免了设计的漏洞

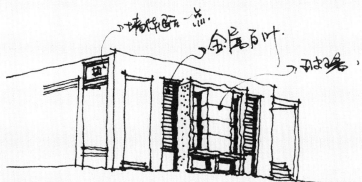

侧立面方案草图

公安局大门设计
钢笔，描图纸
设计阶段：
细部构思及表达

# 第五章　小型景观建筑设计过程中的草图表达

## 案例1——小型会所设计

**第一稿草图**

某企业欲在湖边建一个私人会所。功能简单,主要为餐饮包间及自助餐厅。甲方对设计没有特别的要求,灵活性大,这反倒为设计带来了难度。在设计过程中,放开思路,多方探索,手绘草图成为最快捷、最经济的方式。

绘制过程:

1. 画出平面分析图,表达功能分区意向,并尝试在方正的建筑内部创造空间变化。

2. 画出平面设计草图。在建筑内部利用场地高差设计了一个坡道,充当竖向交通空间,同时增加空间的神秘感和迂回感。单独设置贵宾通道,标注出出入口的位置。

3. 在平面图的基础上构思建筑形体,试图创造简洁现代的风格。

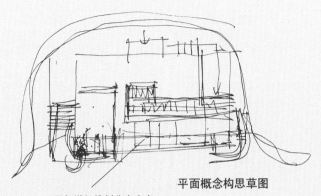

更加详细地划分室内空间,将包间设在临水面,同时用坡道与公共餐厅相分隔

**平面概念构思草图**

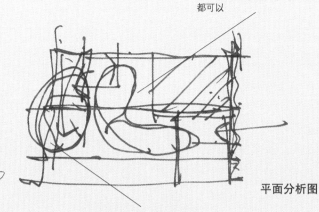

不拘泥于形式,怎么画都可以

随意的线条表达最初的想法,用不同的图例表达不同的空间

**平面分析图**

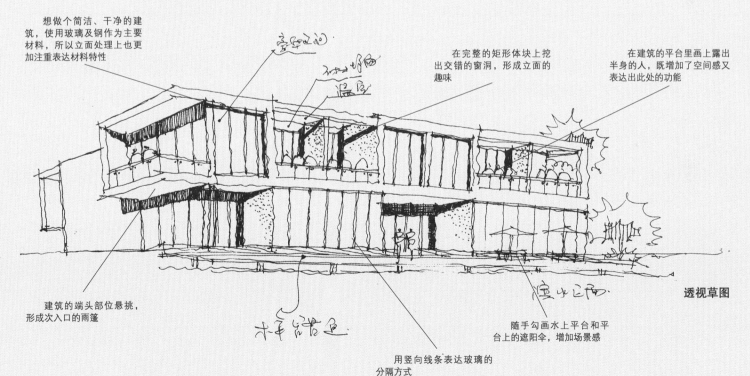

想做个简洁、干净的建筑,使用玻璃及钢作为主要材料,所以立面处理上也更加注重表达材料特性

在完整的矩形体块上挖出交错的窗洞,形成立面的趣味

在建筑的平台里画上露出半身的人,既增加了空间感又表达出此处的功能

建筑的端头部位悬挑,形成次入口的雨篷

用竖向线条表达玻璃的分隔方式

随手勾画水上平台和平台上的遮阳伞,增加场景感

**透视草图**

小型会所设计
钢笔,描图纸
设计阶段:
第一稿草图
方案一 临湖面表达

第二稿草图
　　对平面进行深入构思并设计主入口立面。建筑立面由大面积素混凝土墙面与玻璃面构成，虚实对比鲜明，特征突出，所以这一稿草图需要着重表现立面设计的层次以及材料的对比。

不同形式和尺度的玻璃分隔线表现出不同的室内功能。格网尺寸大的为主入口空间，尺寸小的是更为私密的就餐空间

水平檐口投下的连续阴影强调出建筑的体积感

素混凝土悬挂于玻璃面之前，在草图中对这一构思进行了较为夸张的表达

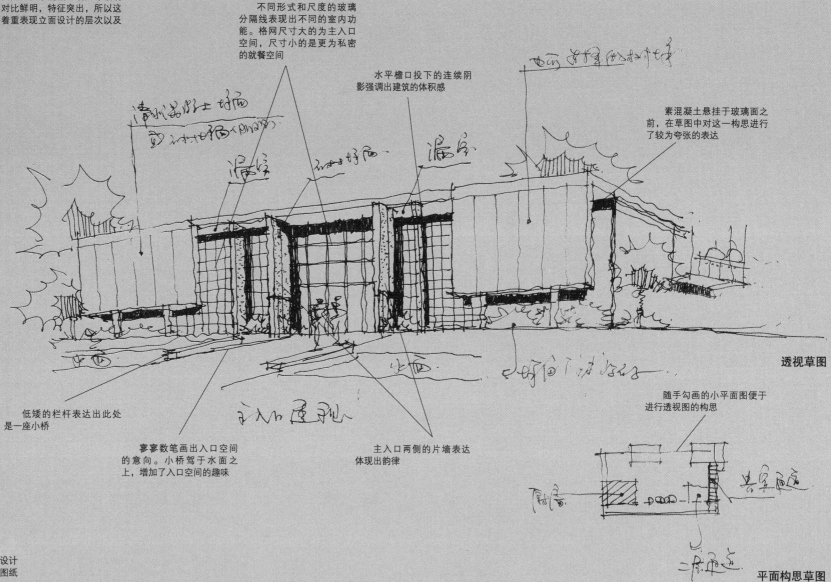

透视草图

低矮的栏杆表达出此处是一座小桥

寥寥数笔画出入口空间的意向。小桥驾于水面之上，增加了入口空间的趣味

主入口两侧的片墙表达体现出韵律

随手勾画的小平面图便于进行透视图的构思

平面构思草图

小型会所设计
钢笔，描图纸
设计阶段：
第二稿草图
方案一　主入口立面表达

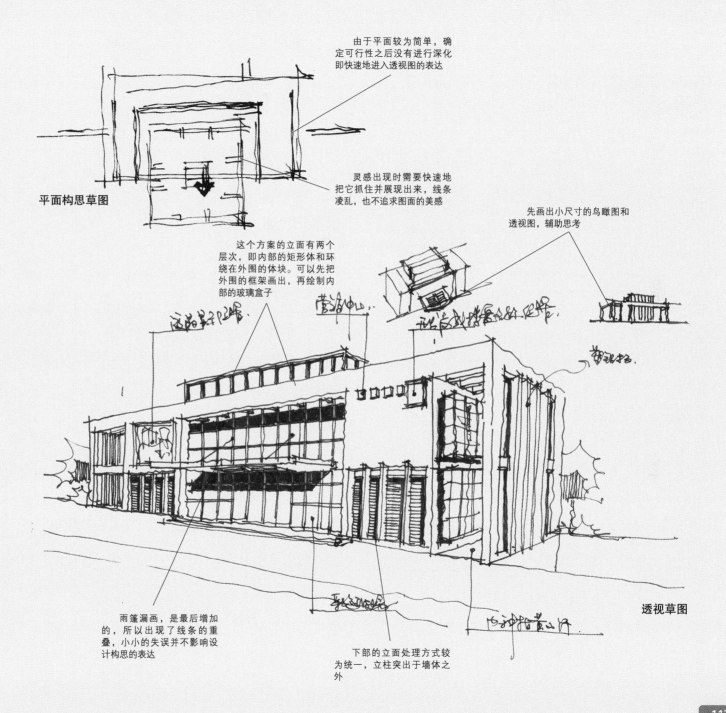

第三稿草图
　　转换思路构思新的方案。此方案将两个
矩形进行套叠，中间的矩形为核心功能即餐
饮空间，周边环绕的矩形是辅助空间，两者
之间用引入建筑内部的水景相区隔。

由于平面较为简单，确
定可行性之后没有进行深化
即快速地进入透视图的表达

平面构思草图

灵感出现时需要快速地
把它抓住并展现出来，线条
凌乱，也不追求图面的美感

先画出小尺寸的鸟瞰图和
透视图，辅助思考

这个方案的立面有两个
层次，即内部的矩形体和环
绕在外围的体块。可以先把
外围的框架画出，再绘制内
部的玻璃盒子

透视草图

小型会所设计
钢笔，描图纸
设计阶段：
第三稿草图
方案二

雨篷漏画，是最后增加
的，所以出现了线条的重
叠，小小的失误并不影响设
计构思的表达

下部的立面处理方式较
为统一，立柱突出于墙体之
外

117

小型会所设计
钢笔，描图纸
设计阶段：
第四稿草图
方案三 平面构思

室内的水池以及室外的
临水平台都表达出对场地自
然氛围的呼应

墙体用双线表达，画出
门的位置

一层平面图

第四稿草图
　　在进行了若干次现代风格的尝试后，甲
方希望设计一个具有传统意蕴的方案，所以
打破原来的构思探索新的设计方向。首先，
考虑通过平面的调整丰富建筑的形体构成并
形成新的空间布局方式。将临水的小型包间
设置在二层，并悬挑在水面上，这样包间的
视野更加开阔，也可以丰富建筑的立面表
现。

厨房设置食梯

清晰地画出竖向交通核
的布置方式，将楼梯布置在
建筑中部和两端

入口处结合立面造型设
置露天庭院，增加空间的层
次

118

小型会所设计
钢笔，描图纸
设计阶段：
第四稿草图
方案三　平面构思

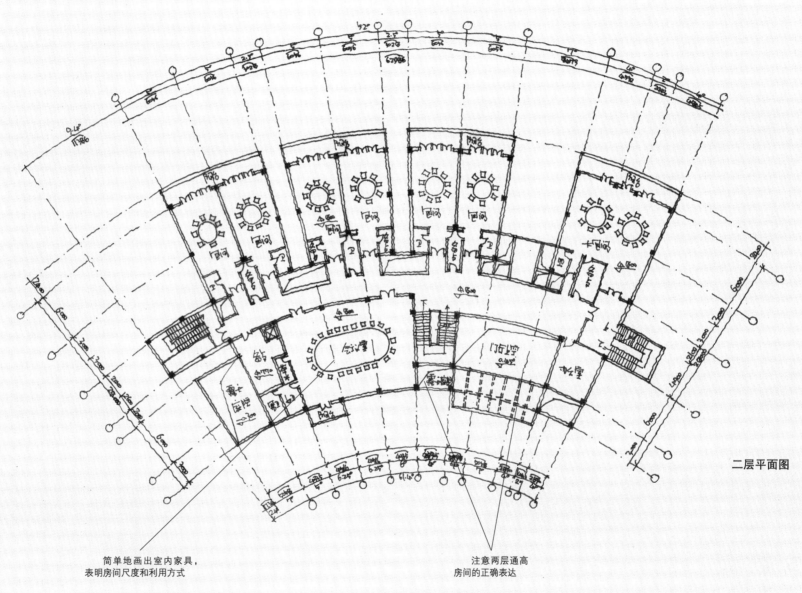

二层平面图

简单地画出室内家具，
表明房间尺度和利用方式

注意两层通高
房间的正确表达

第五稿草图

平面确定下来后，甲方希望设计一个具有传统意蕴的方案，即开始用透视草图构思建筑立面。在画这张图时，将正立面构思为弧形，在墙面上挖洞，入口门厅的坡屋顶穿插而出，别有一番趣味。由于这张图的设计元素较多，所以选择一支细笔进行勾画，在纸上画出的不确定的线条可以随时放弃，不至于影响到总体轮廓的表达。

绘制过程：

1. 依照前几次草图确定建筑体块总体的长宽高比例。

2. 研究平面图，考虑重要体块之间的交接关系、开窗位置、开窗方式等重要形式设计内容。

3. 先画核心构思，再慢慢添加与之相协调的其他部位的设计构思。在这个设计方案中，入口处的单坡屋顶是一个具有传统意味的大胆想法，先把此处绘制出来。

4. 逐次考虑正立面各个功能空间的开窗方式。

5. 将已经确定的构思用线条加粗，为下一遍草图的绘制做准备。

6. 图纸完成后，重新从整体的角度审视设计方案，把不确定的或有疑问的部位圈出来，这些地方就是下一遍设计草图需要解决的核心问题。

那些因不停地描画在图纸上所形成的混沌的黑色区域恰恰是能够激发无限想象的部位

连续的弧形片墙提供了开窗的灵活性。在墙上挖洞，坡屋顶从中穿插而出，创新地解决了传统建筑符号的表达问题

入口部位为一层，但是为了体现出入口的重要性临时将此处改为两层通高的空间，也借此提高了门厅檐口的位置

坡屋顶的透视线不好确定，可以先将其简化为普通的矩形体块，再连接对角线形成坡屋顶的透视线

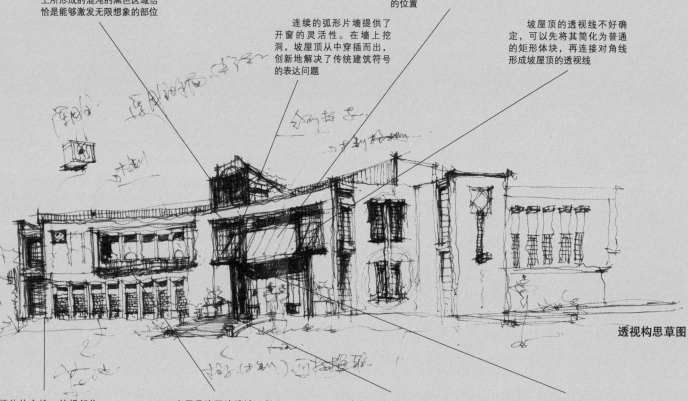

透视构思草图

墙体的交接、转折部位是构思的重点。此处断开，将正立面的墙体独立出来，形成可以自由开窗的表皮

由于是边画边设计，所以所有的线条都是尝试性的，断断续续。单独看这张草图中的大部分线条都是不美的，但是线条的美并非画图目标，它们组合在一起帮助推进设计，表达出设计构思才是真正的目的

有想法就随时添加，不必在意线条的重叠。入口处计划增加一个弧形的拱桥

当无法找到确定的构思时恰恰是为后续的设计留下发展的余地，所以在绘制草图的任何一个阶段都不要气馁，唯一需要做的是不停地坚持画下去

小型会所设计
钢笔，描图纸
设计阶段：
第五稿草图
方案三　构思草图

第六稿草图

上一稿草图已经将重要体块的透视线都确定下来，所以如果有设计思路的更改就可以直接、准确地在此稿草图上画出，节约时间和精力。在绘制上一张草图时，设计构思很多，这一稿草图可以适当地运用"减法"，将各类设计构思进行整合，突出核心构思。

绘制过程：

1. 先描画建筑轮廓线。
2. 依照从大到小、从前至后、先画肯定的构思再画模糊构思的顺序进行绘制。
3. 先画已经确定下来的部位的轮廓线。
4. 在考虑进行设计构思修改的地方放慢速度，思考清楚后直接画出。
5. 增加细节，比如窗套、材料的分隔线、各类线脚等。
6. 添加阴影和配景。
7. 对图纸语言无法表达清楚的部位进行文字标注。

改变此处的立面开窗方式，横窗、竖窗不拘一格。协调并非是简单的重复和变形，在创作的任何一个阶段都不要忘记建筑的趣味性

缩小山墙面的窗户，保证山墙面的完整性

楼梯间上面L形顶板的处理略显多余

建筑的美来源于各个元素的和谐组合，先画出主入口，再逐步增加其他细节，在这个过程中注意要不时地停下笔来审视它们和主要部位的关系，保证细节特色突出的同时不影响建筑的整体性

处于次要位置的墙面开窗尽量规整，并且在图纸表现时也不过分地强调此处

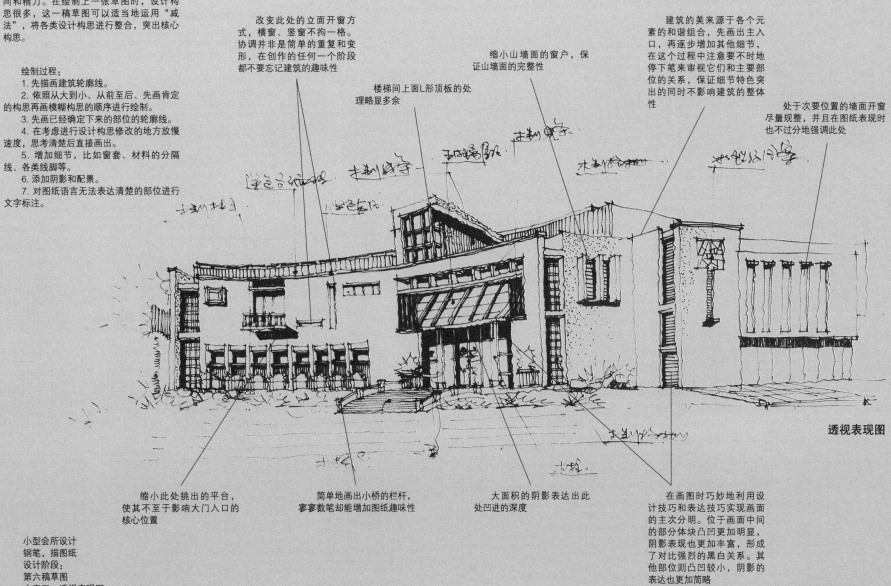

透视表现图

缩小此处挑出的平台，使其不至于影响大门入口的核心位置

简单地画出小桥的栏杆，寥寥数笔却能增加图纸趣味性

大面积的阴影表达出此处凹进的深度

在画图时巧妙地利用设计技巧和表达技巧实现画面的主次分明。位于画面中间的部分体块凸凹更加明显，阴影表现也更加丰富，形成了对比强烈的黑白关系。其他部位则凸凹较小，阴影的表达也更加简略

小型会所设计
钢笔，描图纸
设计阶段：
第六稿草图
方案四　透视表现图

## 案例2——旅游度假区服务中心设计

最终稿草图

这是一个旅游度假区的综合服务中心，位于该旅游度假区的入口。在这块场地上需要布置景区大门、游客服务中心、景区宾馆及餐饮、娱乐，景区办公用房及商业用房。另外，作为配套设施。还需要布置大型停车场及公共卫生间。由于同甲方距离较远，所以首次沟通方案即需要将图纸绘制得清晰、详尽，避免不必要的误会，也增加方案通过的可能性。

绘制过程：
1. 构思总平面图。先进行功能分区和人流动线的构思。
2. 先画车行道，安排机动车交通。
3. 结合场地设计主要建筑的形态。
4. 进行室外空间的构思，广场、建筑内部庭院、停车场都是画图的重点。
5. 沿主要道路及轴线画出行道树，更加清晰地强调场地的空间结构。

旅游度假区服务中心设计
钢笔、描图纸
设计阶段：
最终稿草图
总平面构思表达

先画出场地轮廓线，并沿场地西侧和北侧设置一条与城市的道路连接的路网，同时结合该道路安排停车空间

由于这些建筑都采用仿古的坡屋顶，所以屋顶交接较为复杂，可以先结合室外空间构思建筑的形态，再结合屋顶形态进行微调

比如这个游客服务中心，将建筑的东端同广场交接部位设置为接待大厅，安排售票、导游服务等功能，同时核心建筑体块同广场另一侧的办公用房的体块设计得基本对称，形成对广场空间的围合

展览及纪念品售卖区位于庭院另一侧，同时毗邻停车场，使用方便。这两个核心体块用长廊连接

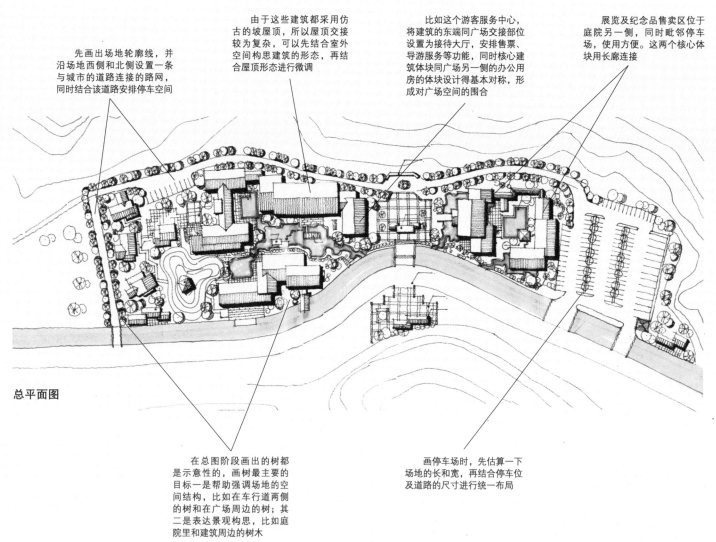

**总平面图**

在总图阶段画出的树都是示意性的，画树最主要的目标一是帮助强调场地的空间结构，比如在车行道两侧的树和在广场周边的树；其二是表达景观构思，比如庭院里和建筑周边的树木

画停车场时，先估算一下场地的长和宽，再结合停车位及道路的尺寸进行统一布局

最终稿草图
由于是景区内的庭院式布局建筑，所以每个面都非常重要，如果采用两点透视图的表达方法面和面之间的遮挡会过多，不利于进行完整的设计思考和设计表现，而三点透视绘制起来又过于复杂，所以本着利于思考、表达清晰的目的才用轴测图作为与甲方沟通的手段。

绘制过程：
1. 画出建筑体块的轴测图的轮廓线。由于屋顶较为复杂，可以先将各个建筑体块简化为立方体，全部画好后再逐一通过辅助线添加屋顶。
2. 逐一对各个体块进行立面设计。由于是直接借助轴测图进行设计构思，所以可以将建筑的正立面、山墙面及屋顶统一设计。采用轴测图纸进行设计对于建筑转角及体块交接部位的设计更加有利。
3. 采用由整体到细节的方法进行勾画，先画出各个形态的轮廓线，再逐一增加细节，这样可以在设计过程中始终对建筑的整体性有很好的控制。
4. 画出阴影，并进行文字的注释。
5. 由于是和甲方进行远距离的沟通，所以将建筑层高及主要设计要点也写在图纸上，方便甲方进行判断。

旅游度假区服务中心设计
钢笔，描图纸
设计阶段：
最终稿草图
建筑设计构思表达

此部分的功能为宾馆客房，变换开窗形式，表达建筑休闲特征

简略地用竖线条画出连廊的柱子和栏杆，简略、清楚

此处并非图纸表达的重点，所以用简单的开窗标示内部空间的采光需求

墙面开横向连续长窗，只在楼梯处做特殊的处理，形成横竖对比

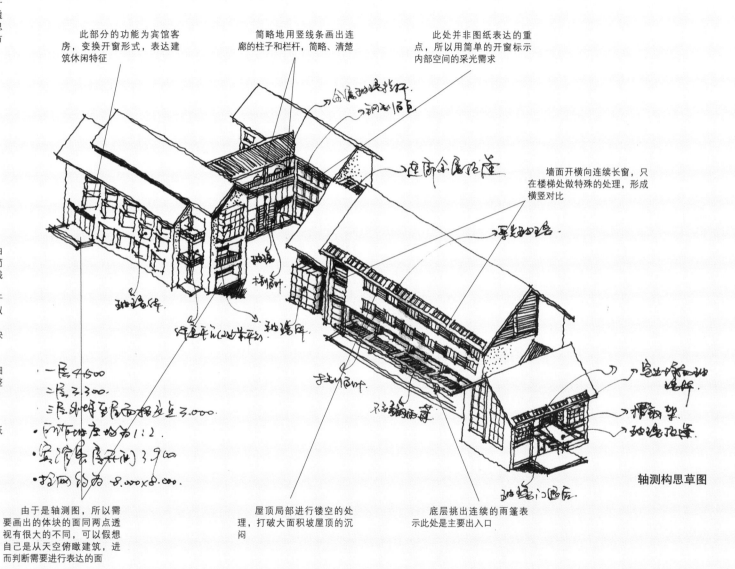

轴测构思草图

由于是轴测图，所以需要画出的体块的面同两点透视有很大的不同，可以假想自己是从天空俯瞰建筑，进而判断需要进行表达的面

屋顶局部进行镂空的处理，打破大面积坡屋顶的沉闷

底层挑出连续的雨篷表示此处是主要出入口

旅游度假区服务中心设计
钢笔，描图纸
设计阶段：
最终稿草图
建筑设计构思表达

用时断时续的竖向线条
概括表达建筑屋顶的瓦面材
质

这个建筑是框架结构，
所以在进行立面设计时需要
考虑建筑的开间以及结构体
系的表达，这样也为立面设
计带来思考的依据

一层突出的小阳台设计简
单，仅用立柱划分立面，然后
画出窗户及窗台

此处是庭院内的水
池，画出水池的边缘和内
壁

此处建筑的立面划分也同
建筑内部空间的柱网相一致

加大立柱的厚度，强调
对墙面的竖向分隔

用打点的方式表达建筑
的明暗面和粗糙材质

端头的实墙面干净统一同
其旁边墙面的丰富变化形成
对比

此处用木质百叶和矩形长
窗对建筑立面进行划分，形
成变化的韵律

轴测构思草图

124

旅游度假区服务中心设计
钢笔，描图纸
设计阶段：
最终稿草图
建筑设计构思表达

在画坡屋顶建筑时，可
以先画进深大、屋脊线高的
建筑轮廓线，再画进深小、
屋脊线低的建筑轮廓线，这
样可以逐次画出它们之间的
交接关系

屋顶交接线较为复杂，
如果想不清楚，可以先用
Sketch Up软件建一个简单的
模型，观察清楚后再画出

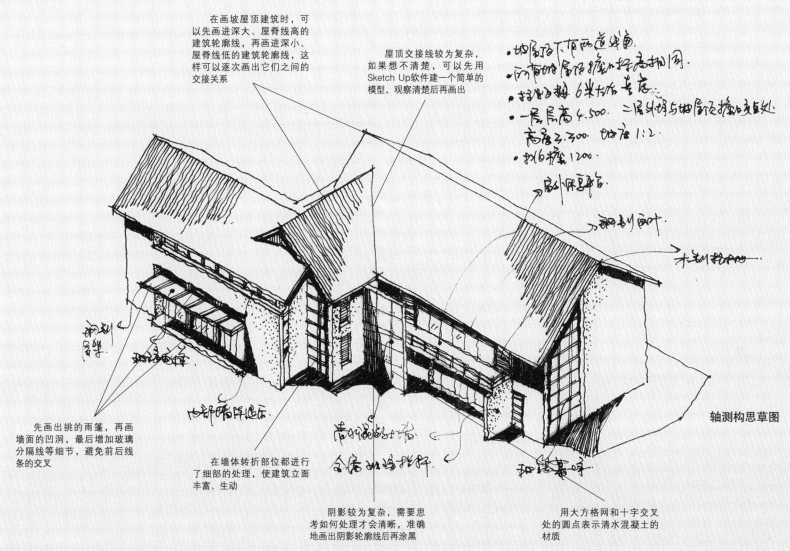

轴测构思草图

先画出挑的雨篷，再画
墙面的凹洞，最后增加玻璃
分隔线等细节，避免前后线
条的交叉

在墙体转折部位都进行
了细部的处理，使建筑立面
丰富、生动

阴影较为复杂，需要思
考如何处理才会清晰、准确
地画出阴影轮廓线后再涂黑

用大方格网和十字交叉
处的圆点表示清水混凝土的
材质

## 案例3——工业园区景观餐厅设计

某工业园区欲在办公楼后的湖边建一栋小型景观餐厅，并要求体型简单，而且与现状办公楼相连接。由于功能简单并且面积小，这个方案构思得非常快。先大概计算了一下总面积，画出比例适当且面积合适的矩形体块，直接借助透视草图进行了立面构思，在立面推敲完善后又画出了详细的平面图，一个方案就这样快速完成了。

绘制过程：
1. 按照面积要求计算出总建筑面积，在纸上画出比例适当的矩形体块。
2. 在矩形体块上画出屋顶、连廊、楼梯间、主入口等重要位置的初步构思。
3. 画出立面上的栏杆、窗户等重要元素的形式。
4. 按照统一的风格增加檐口、墙面、屋脊等位置的细节。
5. 画出建筑阴影和建筑配景，塑造空间感。

画檐下的阴影时要细致地将檐口下方的立柱让出，强化对建筑细节的表现

圆形的片墙是立面构成的重要元素，细致地画出圆洞后面的栏杆和片墙投射在后面墙体上的阴影，建筑的形式感和空间感都得到了很好的表达

画出窗户上部的木质百叶，增加了材质的对比

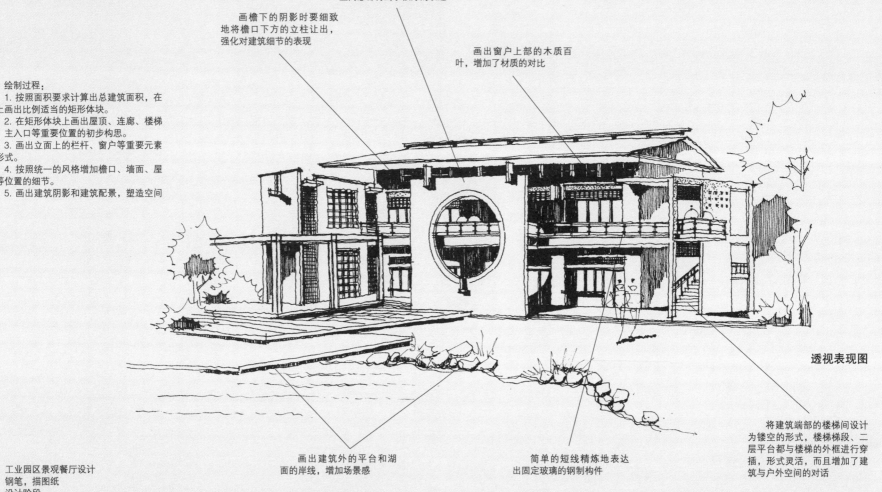

透视表现图

工业园区景观餐厅设计
钢笔，描图纸
设计阶段：
立面构思
透视表现图

画出建筑外的平台和湖面的岸线，增加场景感

简单的短线精炼地表达出固定玻璃的钢制构件

将建筑端部的楼梯间设计为镂空的形式，楼梯梯段、二层平台都与楼梯的外框进行穿插，形式灵活，而且增加了建筑与户外空间的对话

先画建筑的主要空间，即三个就餐包间

将卫生间统一设置在建筑的中部，这样不仅使用方便而且设备管线更加集中

可以先按照包间的尺寸确定包间的进深及面宽，并以此为依据用点画线画出建筑的柱网

画出建筑的散水

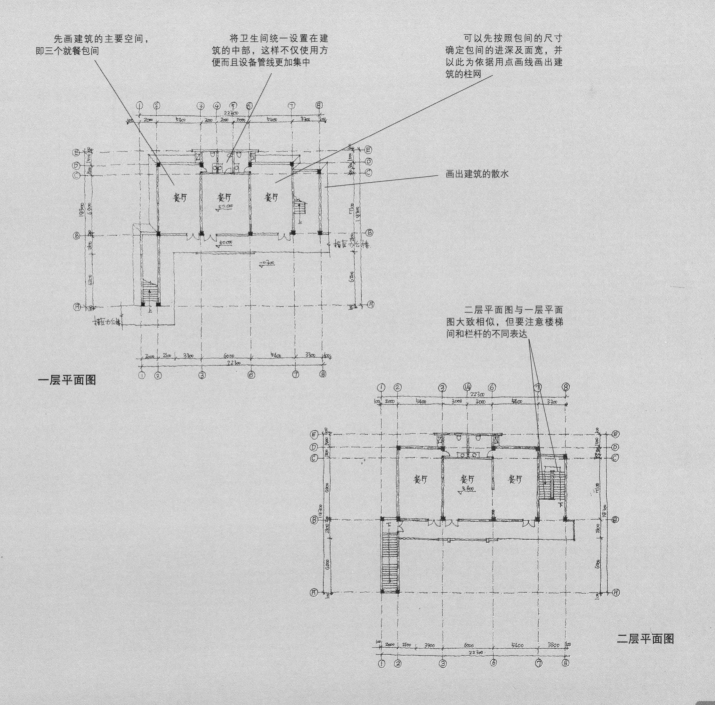

由于该餐厅不设厨房，仅需要布置几个小型的包间，所以功能很简单。场地的限制和面积的限制使得没有办法设置门厅，而若直接由外部进入不仅不方便管理且会导致立面较为凌乱，所以在立面构思时就结合平面在廊子的外部设置了一堵片墙，不仅成为入口的标志而且很好地区隔开了建筑的室内外空间

一层平面图

二层平面图与一层平面图大致相似，但要注意楼梯间和栏杆的不同表达

二层平面图

工业园区景观餐厅设计
钢笔，描图纸
设计阶段：
平面构思
平面草图

127

## 案例4——景区茶室设计

这是某风景区核心区详细规划设计中一个茶室的构思草图，该景区以桂花闻名，为了方便赏花人喝茶、就餐，欲在桂花林边的坡地上建一座提供简餐的小型茶室。风景区内的建筑属于景观建筑范畴，既要为处在建筑中的人观景提供便利，其自身又要和风景很好地融合并成为被观看的景观，要做到"观景"与"景观"的高度统一。在初步布局好分散式的平面轮廓后，即借助立面推敲建筑的形式。

用不同密集程度的竖线条区分不同的材质和颜色深浅不同的木板

画立面时要注意控制层高和檐口的总高度，赋予建筑合适的尺度

立面构思草图

在进行方案的概念构思时，即确定了隐藏于树林中的分散式布局，构想开敞的木质楼梯间穿插在林间，散步于树林中的人们随时可以拾阶而上，所以立面也考虑采用木质材质为主，创造自然的风格

无法画清楚或者表达失误的地方可以用放大的草图在一旁画出

立面构思草图

景区茶室设计
钢笔，描图纸
设计阶段：
第一稿草图
立面构思

由于建筑形体较为复杂，所以在初步构思时先借助立面草图推敲建筑和场地的高差关系以及建筑的形式。在初步构思完成后，就可以结合先期构思的平面布局画出透视草图，从三维立体的角度继续对平面、立面的形式进行分析以及它们与场地的关系。

画出山墙面的梁架关系，反映出建筑的结构特征

每当碰到镂空的室外楼梯间时，复杂的透视关系都颇为让人头疼。遇到这样的情况不要着急，可以先画出楼梯间的轮廓线，再将室外楼梯的梯段平台画出，最后画出上升的楼梯梯段

从透视图上看，室外楼梯的尺度过大，所以及时对平面图及立面图进行调整

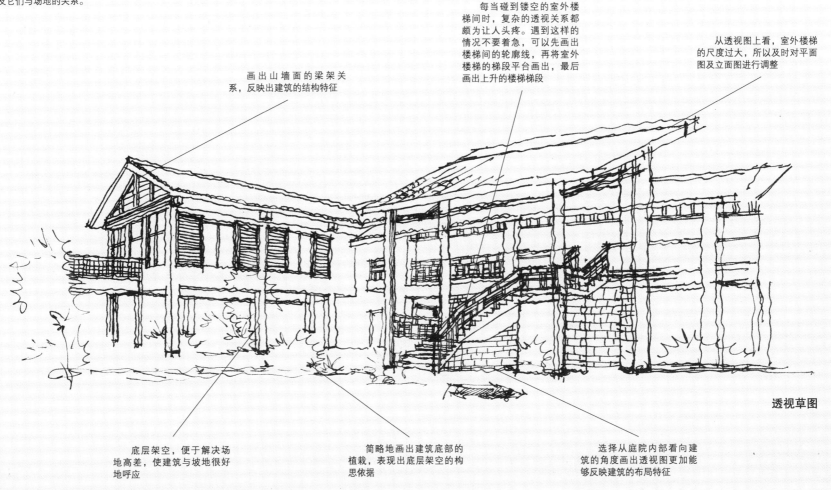

透视草图

底层架空，便于解决场地高差，使建筑与坡地很好地呼应

简略地画出建筑底部的植栽，表现出底层架空的构思依据

选择从庭院内部看向建筑的角度画出透视图更加能够反映建筑的布局特征

景区茶室设计
钢笔，描图纸
设计阶段：
第二稿草图
透视草图

这一稿草图是在上一稿草图的基础上对立面形式进行深化，对于中国传统样式的建筑而言，檐口、山墙面、栏杆等细节往往成为构成建筑风格的重点，所以一一对它们进行深化。

结合结构体系画出外廊檐口下部的细节。对于中国传统样式的建筑而言，檐口往往是彰显建筑特征的重要部位

画这幅草图时有意将线条处理得更加柔软和弹性，和画面上的草木一同营造出自然的氛围

重新设计此处连廊的栏杆，与建筑整体风格相统一

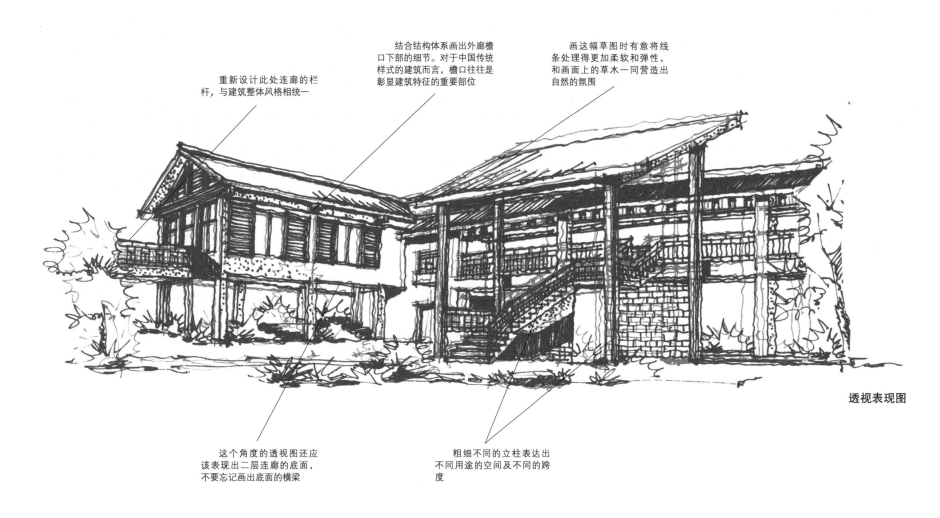

透视表现图

这个角度的透视图还应该表现出二层连廊的底面，不要忘记画出底面的横梁

粗细不同的立柱表达出不同用途的空间及不同的跨度

景区茶室设计
钢笔，描图纸
设计阶段：
第三稿草图
透视表现图

建筑设计的过程往往就是不断地从平面到立面或从立面到平面的过程，在持续的思维转换的过程中设计日臻完美。在借助透视草图完成了对建筑形体的推敲后，再回到平面设计中对平面设计的不足进行调整，可以使得建筑整体更好地表达建筑师的构思

这是庭院内的开敞楼梯

此处用双线表示木平台的边缘，但比较容易与建筑的墙体相混淆，如果时间充足的话，可以把建筑的墙体涂实

此处为楼梯间旁的天井

括号内的数字代表场地的绝对标高

二层平面图是在一层平面图的基础上描绘完成的，但是不要忘记更改各处标高及楼梯梯段的画法

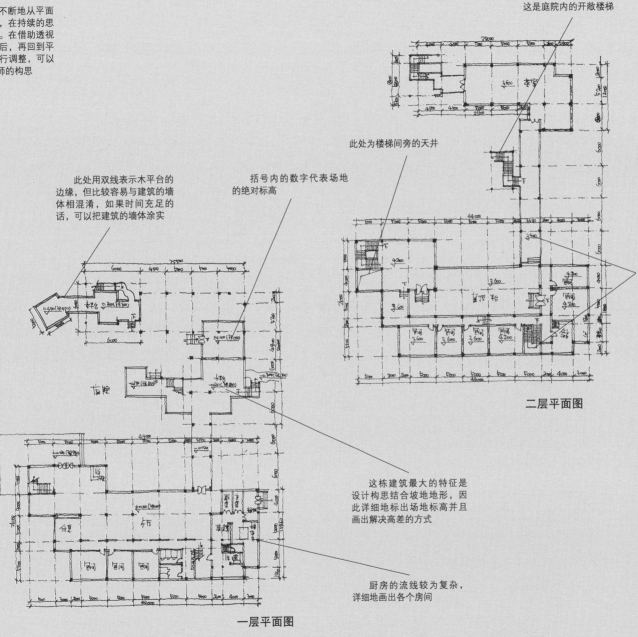

**二层平面图**

**一层平面图**

这栋建筑最大的特征是设计构思结合坡地地形，因此详细地标出场地标高并且画出解决高差的方式

厨房的流线较为复杂，详细地画出各个房间

景区茶室设计
钢笔，描图纸
设计阶段：
第四稿草图
平面构思草图

# 第六章　住宅建筑设计过程中的草图表达

## 案例1——厂区高层住宅楼设计

厂区高层住宅楼设计
钢笔，描图纸
设计阶段：
第一稿草图
户型及形态构思

主要推敲如何围绕核心筒在兼顾采光和通风的基础上布局房间

**平面分析草图**

有了想法之后就快速画出，考虑不清楚的问题留待下一步通过其他更详细的图纸进行论证

在分析图的基础上将平面轮廓线按比例画出，推敲每户面积和房间尺寸是否合适

对核心筒进行布局，要同时满足使用要求及消防疏散的要求

一般而言，住宅建筑的立面除却底层和顶层外主要是每层形式的重复，所以首先在量高线上点出每层高度，并绘制顶层轮廓线以控制建筑的体型

由于建筑高度高，在画图时就非常考验单根竖向线条的绘制能力。不必求从上至下一次完成，出现扭转或停顿时继续画下去就可以，这就是"小曲大直"的原则

第一稿草图
某厂区用地紧张，该厂计划将一栋质量较差的住宅拆除后在原地建设一栋高层住宅。在计算了日照间距及甲方要求的户数后，决定设计一栋一梯六户的点式高层住宅楼以满足该厂职工的居住要求。高层住宅的设计规律性较强，一般而言解决竖向交通的核心筒位于建筑平面的中间，再依照保证主要居室南向日照采光的要求布置平面。在设计平面时同时考虑建筑形态，这样能够避免不必要的返工。

绘制过程：
1. 用小图幅的分析图画出户型平面的构思。
2. 控制每户面积，并将户型平面的轮廓线按比例画出。
3. 根据户型平面初步绘制透视图的外轮廓线，推敲体型是否合适。

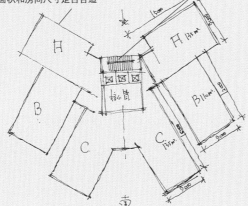

**平面概念构思**

住宅建筑的立面设计需要更多的理性，所以按照正确的步骤来画远比随意地画要更加有效。先画出透视外轮廓线推敲体型，再按照层高和房间的面宽画出外墙上的辅助线，再在此基础上进行立面设计

**体块构思草图**

厂区高层住宅楼设计
钢笔，描图纸
设计阶段：
第二稿草图
户型及形态构思的深化

布置核心筒，需要设置
防烟楼梯间和消防电梯，清
晰地画出防火门的位置

布置居室的房间，并控
制主要房间的开间和进深，
便于摆放家具和使用。例如
将主卧室的开间设为3.6m，
进深设为4.2m

将所有的阳台都画上方
格网，与室内的其他房间相
区分，以便在画透视图时起
到明确的提示作用

由于建筑较高，所以两点透视图的灭点
较远，每条透视线的透视角度变化不大，所
以可以按照透视规律，即高度越高透视线的
透视角度越大，逐次对每条透视线进行微调

为了后续画图方便、准
确，可以先把建筑的轮廓线和
每层层高线画出，形成格网，
便于在格网内进行立面设计

该平面为对称结构，所
以只需画出一侧即可

由于住宅建筑的形体转
折较多，所以可以先以每户
为单位把所有的房间都统一
为一个矩形，画出透视轮廓
线，再在此基础上按比例进
行划分

为解决两个相邻户型的厨
房、卫生间的采光通风问题，
在此处设置一个凹缝，这将成
为立面设计的难点，在画平面
时可以提前考虑处理方法

每户均设置南向阳台，
阳台的形式将是立面设计的
重要内容

**户型平面图**

将位于建筑中部的户型的
南向阳台设计为弧形，为由矩
形体块组成的立面带来变化

第二稿草图
首先深化平面构思，在每一个户型平面
内划分各个房间，尤其是对于那些对外立面
有影响的角窗、阳台等需要结合立面整体效
果重点考虑。在透视图外轮廓线的基础上画
出每层的透视线，并和平面对照确定阳台、
窗户、空调板的位置，并统一考虑它们的形
式。

**透视图辅助线框**

134

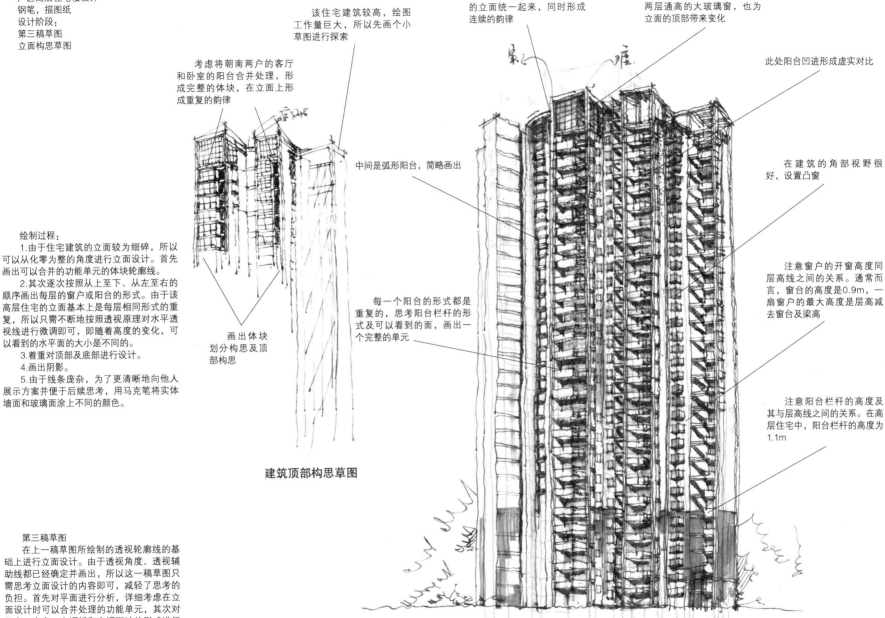

厂区高层住宅楼设计
钢笔，描图纸
设计阶段：
第三稿草图
立面构思草图

考虑将朝南两户的客厅和卧室的阳台合并处理，形成完整的体块，在立面上形成重复的韵律

该住宅建筑较高，绘图工作量巨大，所以先画个小草图进行探索

巨大的矩形框架将凌乱的立面统一起来，同时形成连续的韵律

顶部是跃层户型，设计两层通高的大玻璃窗，也为立面的顶部带来变化

此处阳台凹进形成虚实对比

绘制过程：
1.由于住宅建筑的立面较为细碎，所以可以从化零为整的角度进行立面设计。首先画出可以合并的功能单元的体块轮廓线。
2.其次逐次按照从上至下、从左至右的顺序画出每层的窗户或阳台的形式。由于该高层住宅的立面基本上是每层相同形式的重复，所以只需不断地按照透视原理对水平透视线进行微调即可，即随着高度的变化，可以看到的水平面的大小是不同的。
3.着重对顶部及底部进行设计。
4.画出阴影。
5.由于线条庞杂，为了更清晰地向他人展示方案并便于后续思考，用马克笔将实体墙面和玻璃面涂上不同的颜色。

中间是弧形阳台，简略画出

在建筑的角部视野很好，设置凸窗

画出体块划分构思及顶部构思

每一个阳台的形式都是重复的，思考阳台栏杆的形式及可以看到的面，画出一个完整的单元

注意窗户的开窗高度同层高线之间的关系。通常而言，窗台的高度是0.9m，一扇窗户的最大高度是层高减去窗台及梁高

**建筑顶部构思草图**

注意阳台栏杆的高度及其与层高线之间的关系。在高层住宅中，阳台栏杆的高度为1.1m

第三稿草图
在上一稿草图所绘制的透视轮廓线的基础上进行立面设计。由于透视角度、透视辅助线都已确定并画出，所以这一稿草图只需思考立面设计的内容即可，减轻了思考的负担。首先对平面进行分析，详细考虑在立面设计时可以合并处理的功能单元，其次对阳台、窗户、空调板和空调百叶的形式进行思考。

**透视草图**

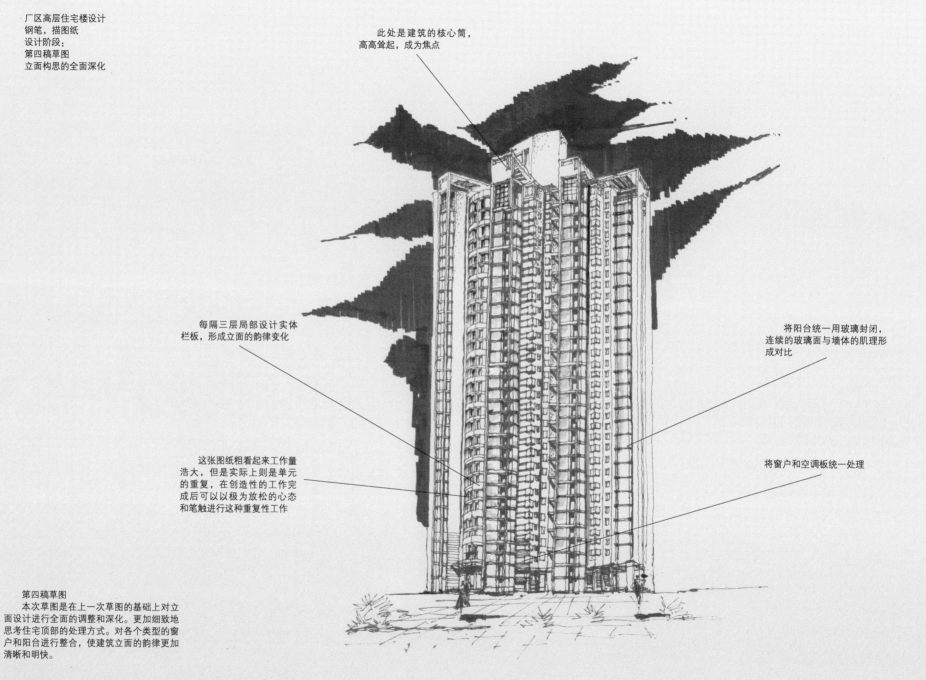

厂区高层住宅楼设计
钢笔，描图纸
设计阶段：
第四稿草图
立面构思的全面深化

此处是建筑的核心筒，
高高耸起，成为焦点

每隔三层局部设计实体
栏板，形成立面的韵律变化

将阳台统一用玻璃封闭，
连续的玻璃面与墙体的肌理形
成对比

这张图纸粗看起来工作量
浩大，但是实际上则是单元
的重复，在创造性的工作完
成后可以以极为放松的心态
和笔触进行这种重复性工作

将窗户和空调板统一处理

第四稿草图
　　本次草图是在上一次草图的基础上对立
面设计进行全面的调整和深化。更加细致地
思考住宅顶部的处理方式。对各个类型的窗
户和阳台进行整合，使建筑立面的韵律更加
清晰和明快。

厂区高层住宅楼设计
钢笔，描图纸
设计阶段：
第五稿草图
透视表现图

用打点的方式区分建筑的受光面和背光面，同时形成顶部更加鲜明的黑白灰关系，形成视觉焦点

就整张图纸而言，视觉的焦点在建筑的上半部分，所以建筑的顶部及上半部分需要精细画出，并且阴影的深度也可略微加大

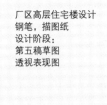

每个窗户同墙体或其周边构件的关系都不一样，或平齐、或突出、或凹进，思考清楚关系后把所有可以看到的面都清晰地画出来

分层次画出配景树，用竖线条加深的远景树对建筑起到了衬托的作用

第五稿草图
　　此图是最终稿的透视表现图，用于同甲方进行沟通，并提供给效果图制作公司以便参考。由于所有的设计工作都已经在前次草图中完成，所以此次草图只需耐心地将所有的设计构思画出即可。但这并不代表在画图的过程中无需进行思考，在这一稿草图中，需要对不准确的透视线进行修正，某些重点表达的构件可略微夸大尺度。

## 案例2——高层住宅区设计

高层住宅区设计
钢笔，描图纸
设计阶段：
与甲方初次接触
通过总平面草图探讨布局
测算容积率

添加阴影
强调建筑轮廓

用树木强
调场地边界和
道路格局

线条的加密强调重要功
能场地，如出入口等

### 第一稿草图

需要与甲方沟通并需要其确认的设计内
容成为该草图表达的重点，包括建筑及道路
的布局，出入口的位置以及后续需要着重设
计的景观等。这张草图是在初次接触甲方及
掌握用地红线图之后绘制的。此用地狭长，
甲方要求布置18层及以上高层住宅，根据场
地分析，南北向布置板式高层最为经济。

必要的文
字标注强化主
要信息

示意性的铺装与屋顶平
面的留白形成对比，强化总
平面图的图底关系

### 绘制过程：

1.描出用地边界及周边道路。
2.将用地红线范围在草图纸上点出。
3.根据当地日照分析要求大致计算出各
栋高层住宅的日照间距，将其在草图纸上点
出。确定场地出入口的位置。
4.在确定的位置绘出住宅屋顶平面。
5.绘出底层商业用房。
6.从车行出入口引出道路通向各个单元
入口。
7.示意性地绘出庭院景观。添加硬质广
场及行道树。
8.用图标及文字注明主要信息。

变换硬质
铺装图案表示
场地功能的转
变

**总平面图**

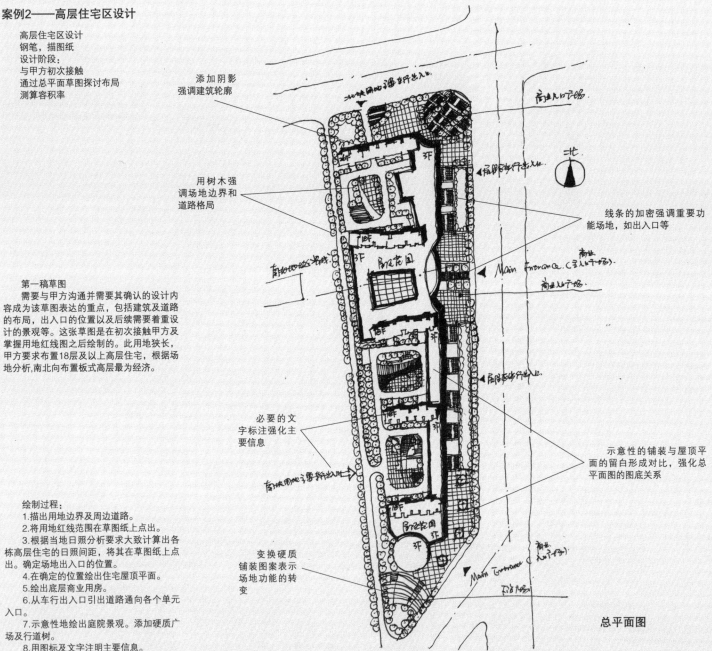

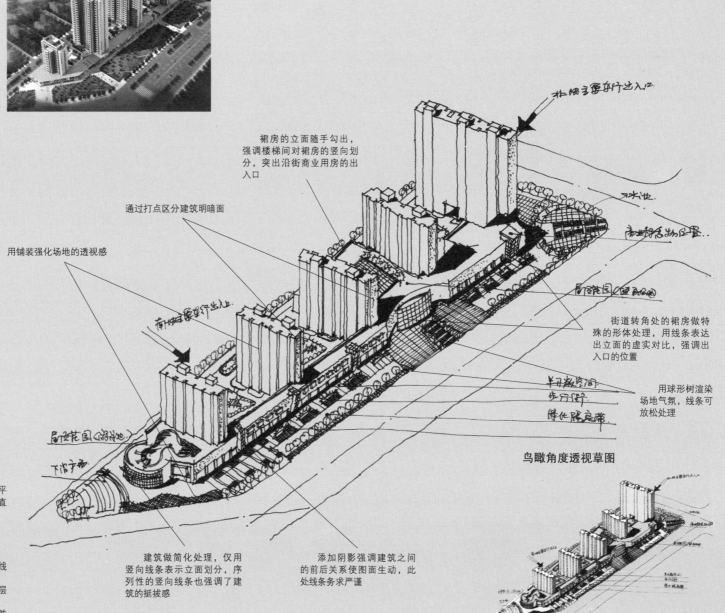

高层住宅区设计
钢笔，描图纸
设计阶段：
　与甲方初次接触
　通过鸟瞰草图提供直观的空间意向

裙房的立面随手勾出，
强调楼梯间对裙房的竖向划
分，突出沿街商业用房的出
入口

北组主要车行出入口

通过打点区分建筑明暗面

水池

用铺装强化场地的透视感

商业裙房物业管理

南组花园（内部活动场）

街道转角处的裙房做特
殊的形体处理，用线条表达
出立面的虚实对比，强调出
入口的位置

南组主要车行出入口

半开敞空间
步行街
绿化隔离带

用球形树渲染
场地气氛，线条可
放松处理

居住花园（小游园）

下沉广场

鸟瞰角度透视草图

第二稿草图
　这张草图是在初次接触甲方及完成总平
面图构思之后绘制的，目的在于提供甲方直
观的空间意向，便于探讨方案。

绘制过程：
　1.确定透视角度，绘制出道路的透视线
以便于控制其他线条的透视方向。
　2.绘制裙房，并以其高度作为绘制高层
住宅的尺度。
　3.绘制南端第一排高层住宅的轮廓，并
以其为样板依次绘制其余高层住宅。
　4.绘制铺装等景观要素，添加树木及阴
影强化建筑及道路格局的表达。

建筑做简化处理，仅用
竖向线条表示立面划分，序
列性的竖向线条也强调了建
筑的挺拔感

添加阴影强调建筑之间
的前后关系使图面生动，此
处线条务求严谨

此处建筑轮廓线可先行绘制，用以控制建筑的体型比例。首先依据户型平面图定出开间，绘制其在透视图中的凸凹关系，其次依据开间与层高的比例绘出轮廓线。画出体块划分构思及顶部构思

在绘制窗户及空调板等细部时，可先在竖向轮廓线上点出层高位置，然后逐层绘制。在此过程中，应注意各层水平线条透视角度的变化

**透视草图**

高层住宅区设计
钢笔，描图纸
设计阶段：
甲方确定总体布局后进行建筑单体设计
通过草图构思建筑外立面-方案1
作为绘制效果图的依据

第三稿草图
住宅建筑透视草图的绘制重点是要把握建筑各个开间、进深与建筑层高的比例关系，并在此基础上进行窗户、阳台、楼电梯间、出入口、屋顶的细部设计。本建筑采用框架结构，在绘制这些细部时，需要考虑梁、板、柱的位置。这张草图是在甲方确定该住宅区的总体布局及户型平面图之后绘制的。首先，绘制草图进行方案构思与比选，与甲方沟通后选择其中的两个方案绘制效果图。

绘制过程：
1.选择典型的户型平面进行草图构思。
2.将户型平面中各开间在草图之上点出。
3.将层高定为2.9m，并依据比例把建筑体型控制线绘出，如本页草图右半部分。
4.对该户型的窗户、阳台、空调板、入口及屋顶造型进行构思。
5.逐跨分层绘制。

高层住宅区设计
钢笔，描图纸
设计阶段：
甲方确定总体布局后进行建筑单体设计
通过草图构思建筑外立面-方案2
作为绘制效果图的依据

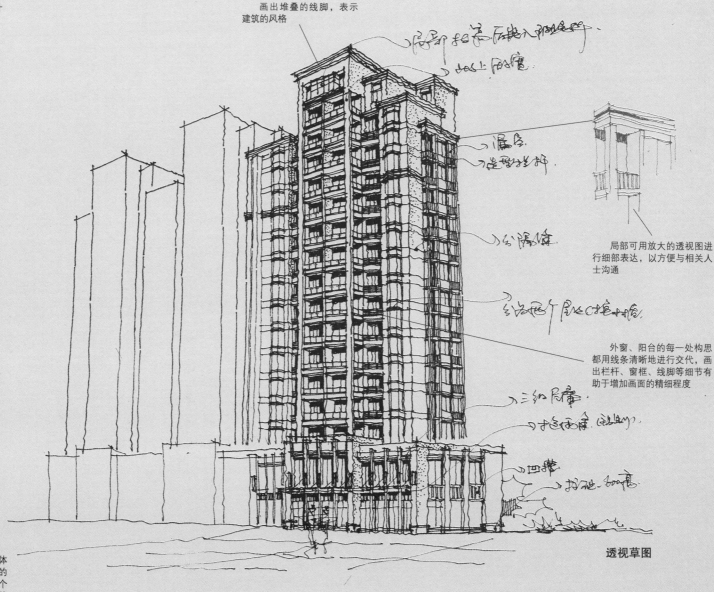

画出堆叠的线脚，表示
建筑的风格

局部可用放大的透视图进
行细部表达，以方便与相关人
士沟通

外窗、阳台的每一处构思
都用线条清晰地进行交代，画
出栏杆、窗框、线脚等细节有
助于增加画面的精细程度

第四稿草图
　　这张草图是在甲方确定该住宅区的总体
布局及户型平面图之后绘制的第二个方案的
透视图。增加了更多的细部处理，因此这个
方案要更耐心地处理，改变了建筑细部的处
理方式。

透视草图

对于方案出现变化的部分着重表达，并用阴影与极强的序列感进行强调，不必对细小的失误过分在意，修改后坚持画下去

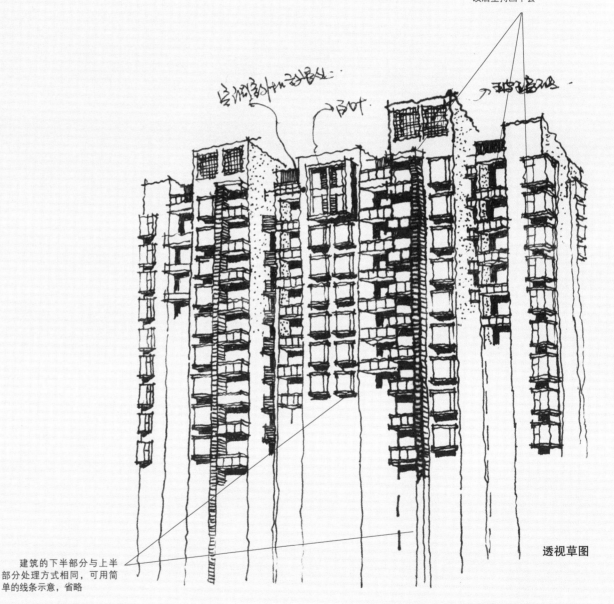

**透视草图**

高层住宅区设计
钢笔，描图纸
设计阶段：
甲方确定总体布局后进行建筑单体设计
通过草图构思建筑外立面–方案3
作为绘制效果图的依据

第五稿草图
这张草图是在方案二的基础上与甲方沟通后继续调整的结果。去掉建筑顶部的线脚，增加窗户与阳台的凹凸变化，最终确定用这个方案进行方案的深化并绘制效果图。

建筑的下半部分与上半部分处理方式相同，可用简单的线条示意，省略

## 案例3——沿街高层住宅设计

沿街高层住宅设计
钢笔，描图纸
设计阶段：
平面构思

清晰地画出核心筒的布置方案，用最经济的方式解决竖向交通和疏散问题

准确地画出每个室内房间以及楼、电梯间的门，因为门的位置及开启方向往往是影响室内空间是否合理的重要因素

厨房、卫生间均简略表达，画上网格状的铺地表示辅助空间

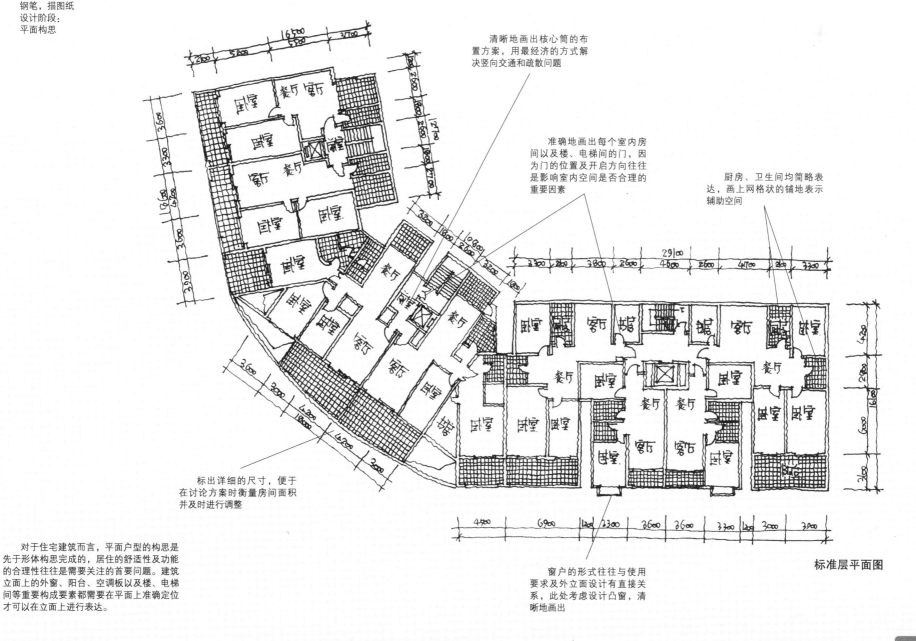

标出详细的尺寸，便于在讨论方案时衡量房间面积并及时进行调整

对于住宅建筑而言，平面户型的构思是先于形体构思完成的，居住的舒适性及功能的合理性往往是需要关注的首要问题。建筑立面上的外窗、阳台、空调板以及楼、电梯间等重要构成要素都需要在平面上准确定位才可以在立面上进行表达。

窗户的形式往往与使用要求及外立面设计有直接关系，此处考虑设计凸窗，清晰地画出

**标准层平面图**

沿街高层住宅设计
钢笔，描图纸
设计阶段：
确定平面，开始构思形体

从上到下画出此处的阳台，上部的两层详细画出，下部的阳台可以简单勾画，节约时间

住宅立面较为复杂，可以先以每户为单位把其平面进行整合，画出完整的透视轮廓线，再按照平面的房间布局进行细分

辅助线和最终的透视线都重叠在一起，构思阶段不必过分地在意图纸的整洁、干净，只要在凌乱的线条中可以强调出最终的设计意图即可

因为住宅建筑的立面有大量的重复，所以思考清楚重要部位后再画就相对轻松。线条松弛、随意，不必刻意地追求接头严谨，恰恰是这样画图才能够感受到创作的快乐

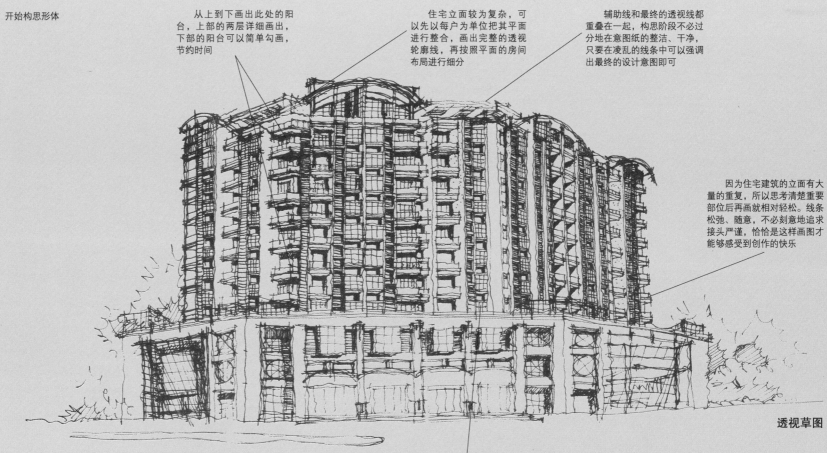

透视草图

开窗形式多样，有的房间是凸窗，有的房间是平窗

平面的合理性是住宅设计最需要关注的核心问题，在平面确定后，即可以按照已经确定下来的平面进行建筑的形体设计。首先，这个建筑的立面可以被划分为两个部分，第一部分为下部的商业裙房，第二部分为上部的住宅用房，所以在画构思草图时也可以按照这样的顺序先画商业裙房，再画住宅立面，便于对不同类型的立面进行统一思考。

绘制过程：
1.先画出商业裙房的透视轮廓线。
2.根据平面确定外墙柱子的位置，画出开间分隔的辅助线。
3.思考柱体的形式，按照开间的尺寸将其逐次画出，考虑在建筑两端转角处进行特殊设计，所以这两个部分可以留待最后再画。
4.按照层高对商业用房进行分隔。
5.构思下部裙房的端头和转角部位。
6.对住宅的平面进行分析，构思每一户的立面组合韵律。
7.构思窗户、阳台及空调板的形式，及楼梯间、檐口等特殊部位的形式。
8.从上到下依次画出。

沿街高层住宅设计
钢笔，描图纸
设计阶段：
透视图的表达

细节庞杂，先画竖向连
续的构件，比如此处的窗间
墙，再按照层高进行每层相
近细节的绘制

对于从上到下的通长线条
要力求挺直，这样可以为其他
细部的绘制提供参照，由于笔
误，这根线条就过分歪曲

在画图时仍旧可以将建筑
上部的细部细致描画，从上到
下逐次缩减，这不仅可以节约
时间，也可以通过这样的方式
明确整张画面的视觉焦点

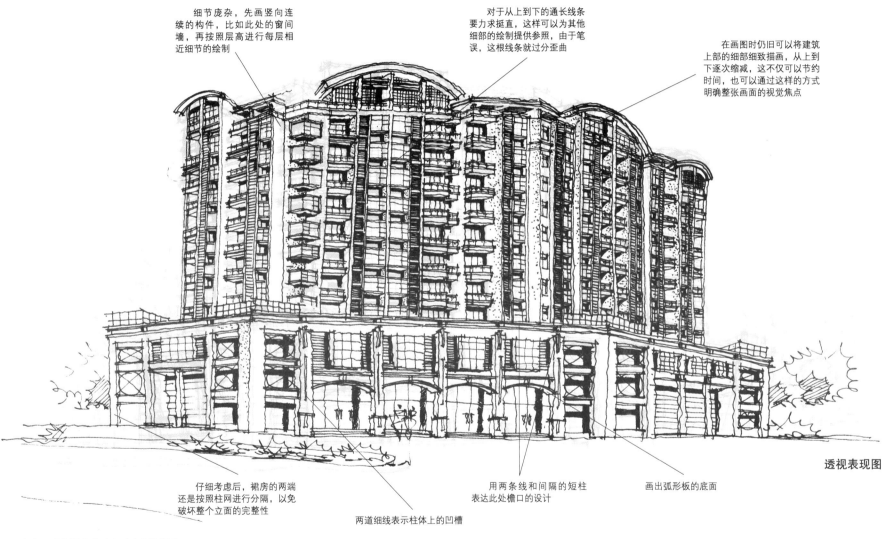

透视表现图

仔细考虑后，裙房的两端
还是按照柱网进行分隔，以免
破坏整个立面的完整性

两道细线表示柱体上的凹槽

用两条线和间隔的短柱
表达此处檐口的设计

画出弧形板的底面

在上一张草图的基础上对建筑进行完
整、详尽的表达，用于同甲方沟通，并在方
案确定后提供给效果图制作公司作为效果图
绘制的参考。

## 案例4——多层住宅设计

多层住宅设计
钢笔，描图纸
设计阶段：
形体构思
方案一　透视草图

强调屋脊的表达，但整张图纸完成后发现此处过于厚重了

细致地画出阳台的线脚及铁艺栏杆

顶层为六层的跃层空间，结合坡屋顶统一设计及表达

弧形阳台的透视线看起来非常复杂，其实可以先按照立方体画出透视参考线后再画出弧形阳台的透视轮廓线

透视图中无法表达清楚的内容在旁边用文字或小草图辅助说明

结合建筑山墙设置角窗

透视草图

对于住宅建筑而言，平面户型的构思是先于形体构思完成的，居住的舒适性及功能的合理性往往是需要关注的首要问题。建筑立面上的外窗、阳台、空调板以及楼、电梯间等重要构成要素都需要在平面上准确定位才可以在立面上进行表达。

绘制过程：
1. 统一构思居住区内住宅建筑的风格。
2. 分析户型平面图，构思外窗、阳台、空调百叶等影响建筑外立面的各个要素的形式，必要时可在纸上单独勾画。
3. 熟悉各个开间的尺寸及需要绘制透视图的建筑的单元数量，确定楼梯间的位置并构思其形式。
4. 根据室内外高差、建筑层高、层数及檐口高度确定建筑总高度，结合平面尺寸绘制透视线框图。
5. 从顶层开始按开间逐一勾画外窗、阳台及空调百叶，并依据透视原理对其进行微小变形后向下复制。
6. 最后再画楼梯间、屋顶等特殊部位。增加配景，表达建筑阴影及材质。

146

多层住宅设计
钢笔，描图纸
设计阶段：
方案二　透视草图

考虑从此处开始变换外墙
材质，使用面砖。为节约时间
仅简略地画出部分面砖的图
案，示意性地进行表达

底层和顶层的外窗形式稍
作变化，用细微的差别将立面
分段处理

简约的阳台也用栏杆和栏
板的变化形成了虚实对比

阳台内部的推拉门也清
晰地画出来，厚重的阴影表
达出空间感

透视草图

　　上一稿草图的建筑细节处理手法较为繁
复，弧形的阳台会为住户使用及封闭阳台带
来不便，所以这一稿草图试图在上一稿草图
的基础上简化细部形式，调整建筑风格，便
于甲方进行比选。

绘制过程：
1. 对需要调整的细部进行统一构思。
2. 由于基本的户型平面并不改动，所以可以用上一稿草图作为底稿，即不改变建筑的透视轮廓线，仅对细部的形式进行重新构思。
3. 首先将弧形阳台改为矩形阳台，并重新勾画栏板的形式，其次简化外窗窗框的处理方式。
4. 仍旧按照从上到下、从左到右、从前到后的顺序依次勾画。
5. 去掉上一稿草图中屋顶厚重的屋脊和线脚，统一建筑的整体风格。

147

多层住宅设计
钢笔，描图纸
设计阶段：
　方案三　透视草图

顶部做退台处理，由于透视的原因，此处本应连续的屋顶檐口线条也随墙体向后折，再画上厚重的阴影，不同的空间感立刻就展现纸上

用通长的立柱统一立面上突出的阳台，顶部和底部都做了细致的考虑，使阳台成为形成立面风格的重要元素

在檐口部位加画一些装饰性的元素，强化建筑风格的表达

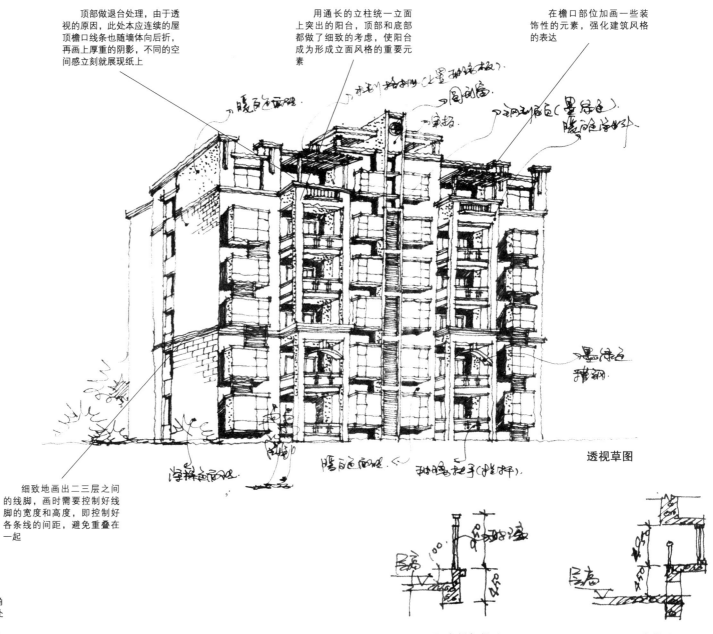

透视草图

细致地画出二三层之间的线脚，画时需要控制好线脚的宽度和高度，即控制好各条线的间距，避免重叠在一起

此稿草图继续从转换建筑整体风格的角度进行构思，利用线脚、顶层退台等立面处理方式将建筑立面划分为三段式，将基座、屋身、屋顶表达清晰，并在局部使用古典主义的设计元素统一建筑整体风格。

阳台栏杆做法　　　　　凸窗做法

## 案例5——别墅区建筑设计

别墅区建筑设计
钢笔，描图纸
设计阶段：
双拼别墅建筑单体设计
方案一

在山墙面设计了一个装饰性的烟囱，包贴自然纹理的石材

此处三层房间悬挑于阳台之上，感觉较为笨重，不符合力学的受力原理

顶层墙体内凹，形成露台，露台上的雨篷也使坡屋顶有了丰富的变化

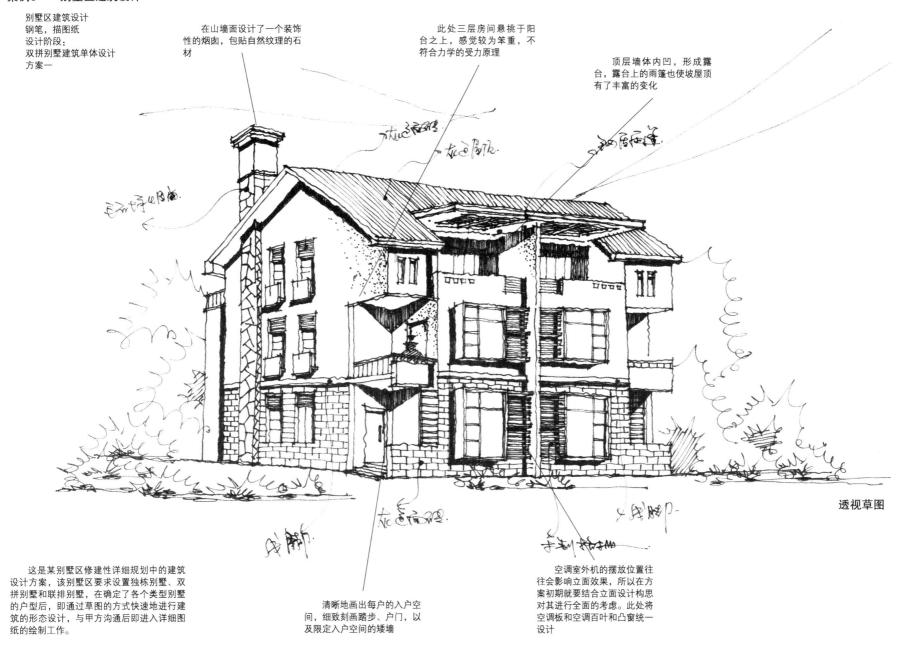

透视草图

这是某别墅区修建性详细规划中的建筑设计方案，该别墅区要求设置独栋别墅、双拼别墅和联排别墅，在确定了各个类型别墅的户型后，即通过草图的方式快速地进行建筑的形态设计，与甲方沟通后即进入详细图纸的绘制工作。

清晰地画出每户的入户空间，细致刻画踏步、户门，以及限定入户空间的矮墙

空调室外机的摆放位置往往会影响立面效果，所以在方案初期就要结合立面设计构思对其进行全面的考虑。此处将空调板和空调百叶和凸窗统一设计

别墅区建筑设计
钢笔，描图纸
设计阶段：
双拼别墅建筑单体设计
方案二

用密排的横线条表示彩
色面砖，同涂料区分开来

分户墙高高耸起，避免
互相干扰，也使每一户的居
住空间更加私密和安全

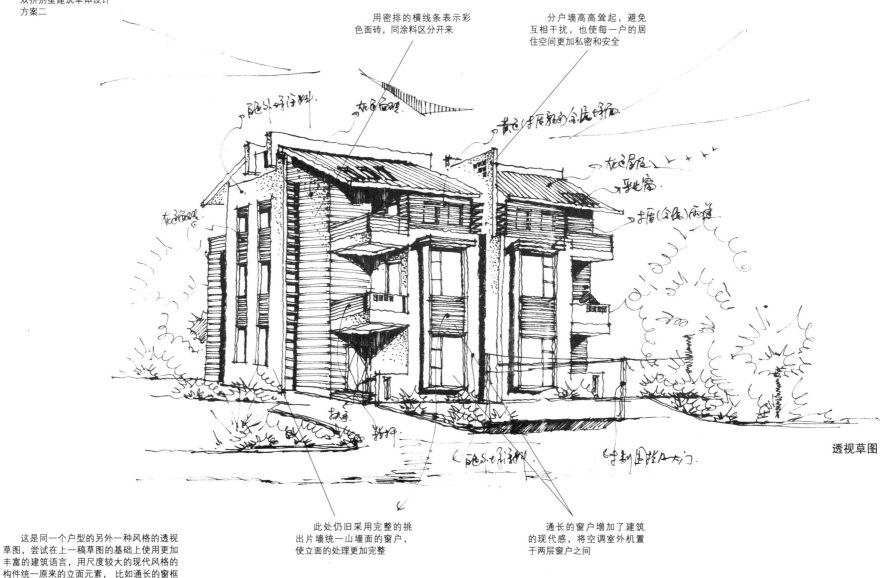

透视草图

这是同一个户型的另外一种风格的透视
草图，尝试在上一稿草图的基础上使用更加
丰富的建筑语言，用尺度较大的现代风格的
构件统一原来的立面元素，比如通长的窗框
和片墙等。改进原来设计的不足，并强化对
墙体材料的表达。

此处仍旧采用完整的挑
出片墙统一山墙面的窗户，
使立面的处理更加完整

通长的窗户增加了建筑
的现代感，将空调室外机置
于两层窗户之间

别墅区建筑设计
钢笔，描图纸
设计阶段：
联排别墅建筑单体设计

用线条区分建筑外墙材料
时，要考虑周密，避免同一体
块上材质的不连续

鸟瞰图表达的信息量最
大，但是透视表现较为复杂。
所以，可以用轴测图替代鸟瞰
图

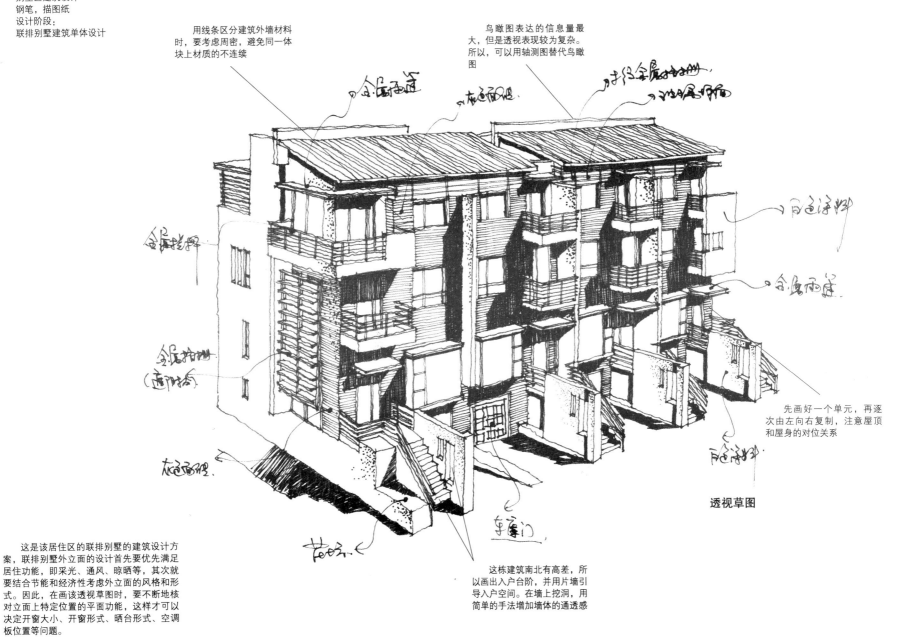

**透视草图**

先画好一个单元，再逐
次由左向右复制，注意屋顶
和屋身的对位关系

这栋建筑南北有高差，所
以画出入户台阶，并用片墙引
导入户空间。在墙上挖洞，用
简单的手法增加墙体的通透感

　　这是该居住区的联排别墅的建筑设计方
案，联排别墅外立面的设计首先要优先满足
居住功能，即采光、通风、晾晒等，其次就
要结合节能和经济性考虑外立面的风格和形
式。因此，在画该透视草图时，要不断地核
对立面上特定位置的平面功能，这样才可以
决定开窗大小、开窗形式、晒台形式、空调
板位置等问题。

## 案例1——医院病房大楼设计

医院病房大楼设计
钢笔，描图纸
设计阶段：
第一稿草图
形体概念构思

**第一稿草图**
　　此稿草图的目标是确定医院的基本形式并及时与甲方沟通，以便在后续的设计过程中少走弯路。这个医院病房楼的用地是一个70m×30m的地块，对于一栋病房大楼而言用地非常紧张，这就决定了建筑的体型不可能有太多的变化。因此，可以快速进入形体概念构思。

檐口是形体构思的重点，但由于图幅较小，思考和表现起来都较为困难，仅仅是用密集排列的竖向线条表示檐口部分的凹进处理

中间突出的体块虽然着墨不多，但是简单的线条已经较为清晰地表达出了体块划分的构思。用一个巨大的矩形方框统一起细碎的立面，也形成立面表达的力度

结合楼梯间将建筑端部拔高，使建筑过长的平直檐口外轮廓线出现变化

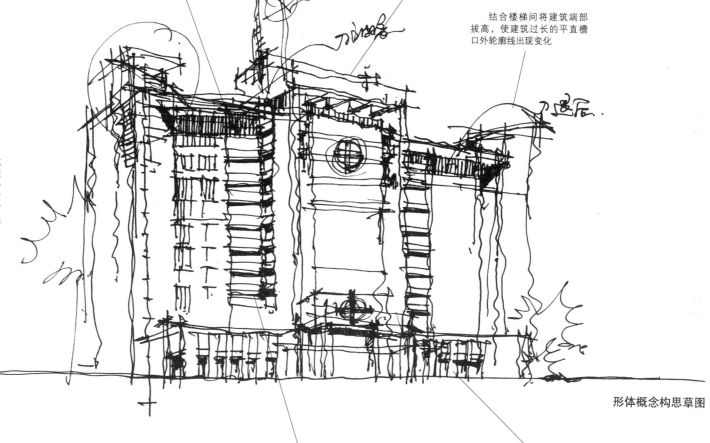

**形体概念构思草图**

在此次草图的绘制中，窗户并非设计的重点，所以仅用横向线条大体确认了开横向长窗的意图，并在剩余墙面上随手勾画矩形表示墙上的窗洞

裙房开竖向通窗，随手加重笔触画出的阴影表达出了建筑的体积感

绘制过程：
　　1. 依照总建筑面积及层数算出每层建筑面积，画出矩形平面的外轮廓线。
　　2. 在轮廓线内画出功能布局。
　　3. 确定平面柱网，横向柱网定为7.2m，为两个3.6m的开间。中间公共走道进深定为2.4m，其余内部走道定为3m，房间进深定为6.6m。将柱网格用点画线画出。
　　4. 在柱网内分隔房间。
　　5. 层高定为3.9m，按照定出的柱网及层高画出体型透视图。

医院病房大楼设计
钢笔，描图纸
设计阶段：
第二稿草图
形体概念构思

在檐口部分将结构柱露出，成为对檐口出挑面板的支撑

中间部分采用横向条窗，仅在端部凹进形成阴影区

将窗户的顶面及侧面画完整，表达出透视感

第二稿草图
　　本次草图是在平面基本完成后迅速画出的，试图快速地进行建筑体块组织，用简略的线条将屋顶、山墙、雨篷、裙房的呼应关系表达出来。同时对建筑正立面的开窗方式进行探索。

由于仍处在方案的推敲阶段，对现有的构思并没有最后确定下来，所以线条放松，想画就画，想停就停止，线条也弯弯曲曲、时断时续

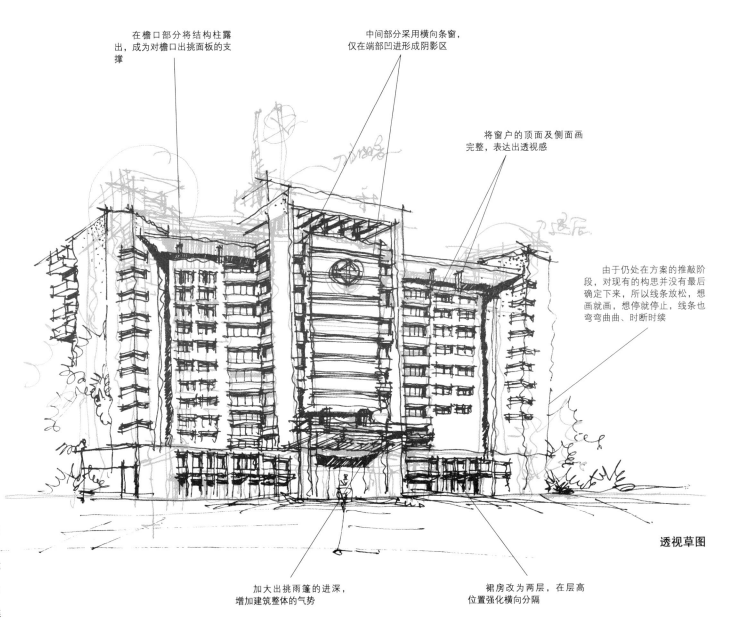

绘制过程：
　　1.计算建筑总高度，按照长、宽、高的比例画出建筑的外轮廓线。
　　2.结合平面功能对建筑形体进行组织，将中间部分结合入口空间整体外凸，形成建筑的视觉中心。
　　3.结合建筑平面两侧的楼梯间对建筑山墙面进行处理。
　　4.考虑在底层采用竖向长窗，形成连续、完整的韵律。
　　5.简略画出正立面的开窗方式。

加大出挑雨篷的进深，增加建筑整体的气势

裙房改为两层，在层高位置强化横向分隔

**透视草图**

医院病房大楼设计
钢笔，描图纸
设计阶段：
第三稿草图
概念构思的深化

建筑的转角也往往是处理的重点。在转角部位开角窗，形成视觉趣味

窗户的高度是由层高、结构梁和窗过梁的高度以及窗台高度决定的，通常对于框架结构而言，结构梁的高度为柱距的1/10，而安全的窗台高度通常定0.9m，所以当这个医院的层高确定时，窗户的高度就随之确定了

尝试将医院的标志上移，即中间的玻璃也直通到屋顶，使建筑的整体比例拉长

第三稿草图
　　此稿草图是对概念构思进行进一步的深化。首先，调整建筑各个组成体块的比例，对不够准确的透视线进行修正。其次，对各个体块进行详细的立面设计，考虑窗户、雨篷、檐口的具体做法。

绘制过程：
　　1.以上次草图为底图描画出主要形体透视线，对不准确的透视线进行修正。
　　2.对于上次已经确定的构思可以先行进行深化，比如主要立面的开窗形式等。
　　3.完善那些在上次草图中只有寥寥数笔线条的地方。
　　4.加重重点考虑的部位，如檐口、中间体块的屋顶和入口等，提示出它们将成为下一次草图思考的重点。

此处原来的设计为整片玻璃幕墙，尝试分出一个开间的窗户单独处理，增加了玻璃幕墙的层次

试图改变雨篷的支撑形式，但粗略画过后发现与庄重的立面冲突较大，放弃

**透视草图**

医院病房大楼设计
钢笔，描图纸
设计阶段：
第四稿草图
对设计难点进行新的探索

第四稿草图
　　这一稿草图是希望在上一稿草图的基础上对设计做更深入的思考，并尝试对重点部位进行设计形式上的突破。对于立面的横向开窗，通过大致推测一系列结构构件的尺度继续确定了窗间墙以及窗户的大小，并尝试将结构柱外露，将立面的横向分隔改为纵向分隔。对于中间高起的体块，尝试增加立面划分的层次，并增加更多的细部。总体而言，这一稿草图的变化并不大，但是在不断的描画过程中，新的想法也会慢慢清晰起来。

将山墙面划分为虚实两个部分，体现出两种材质的对比

相似的细部不再重复画出。上部画得清晰且明暗对比较强，下部线条慢慢变淡，使整个图纸表达的重点在上部，风格统一

先画出建筑的外轮廓线，再按照层高和柱网间距画出方格网

在楼梯间的转角开通长窗洞，其余部分为实墙面，立面设计更加完整

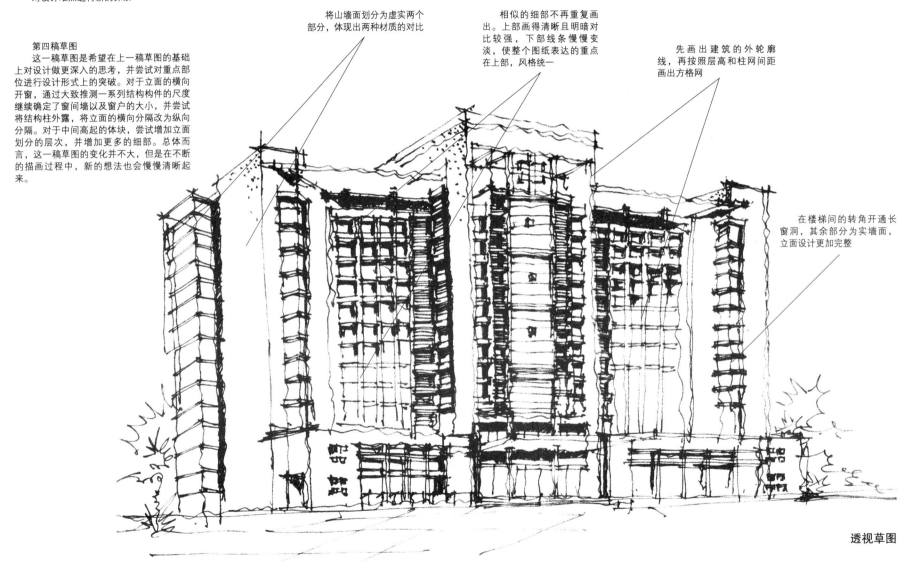

透视草图

医院病房大楼设计
钢笔，描图纸
设计阶段：
第五稿草图
对立面形式进行整合

由于要对立面进行重新
划分，所以画出透视基准线
供绘图时参考

如果不熟练，可以在透
视基准线上按照开间数进行
等分，再依照透视原理调整
柱网间距

首先要想清楚平面上的
前后凸出、凹进关系，再画
出顶部的透视基准线

第五稿草图
　　本稿草图从整体性角度对上次设计中的
元素进行整合，并将结构联系体现在立面划
分中。由于该立面所对应的平面功能为病
房，所以将开窗方式进行统一，采用由梁柱
构成的框架划分立面，增大窗户，增加采光
面积。

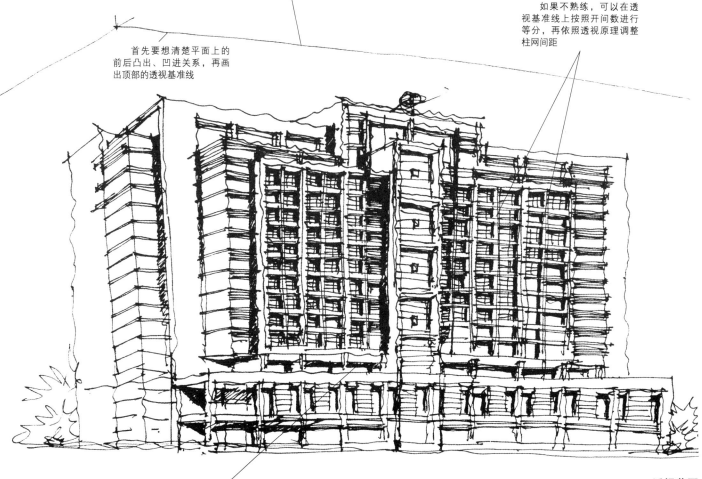

绘制过程：
　　1. 以上次草图为底图先画出建筑的主要
轮廓线，需要修改的地方留下最后再画。
　　2. 画出立面上的梁柱体系的二维轮廓
线，接着逐个窗洞增画顶面和侧面，将二维
结构线扩充为三维的空间。
　　3. 随手描画阴影，增加透视的立体感，
并强调出设计的重点。
　　4. 简略地勾画配景。

在设计的最初阶段不要放弃对任何一个设计方案的探
索。这也凸显了草图的速度和经济性。改变立面的划分方
式后，同原来的方案进行比较，发现此稿方案导致建筑体
型过于臃肿，放弃

透视草图

医院病房大楼设计
钢笔，描图纸
设计阶段：
第六稿草图
重新构思立面

雨篷由入口空间穿插而出，留白的雨篷和巨大的阴影形成对比，也强化了空间关系的表达。

每一个窗户都是由窗框、窗台、窗玻璃组成的，它们的前后关系不同会形成不同的立面效果，画时要注意前后遮挡关系，清晰地画出连续或者断开的线条。

第六稿草图
这稿草图尝试完全打破原来的构思重新设计形体和立面。首先，改变原来利用三个竖向交通核划分空间的构思，将端部两个楼梯间和房间统一在一个框架中，其次增加进深方向的形体处理层次，采用矩形框架叠套的方式逐渐由后向前凸出。但是，最终这样的构思由于整体性不佳且比例不佳而被放弃了。

透视草图

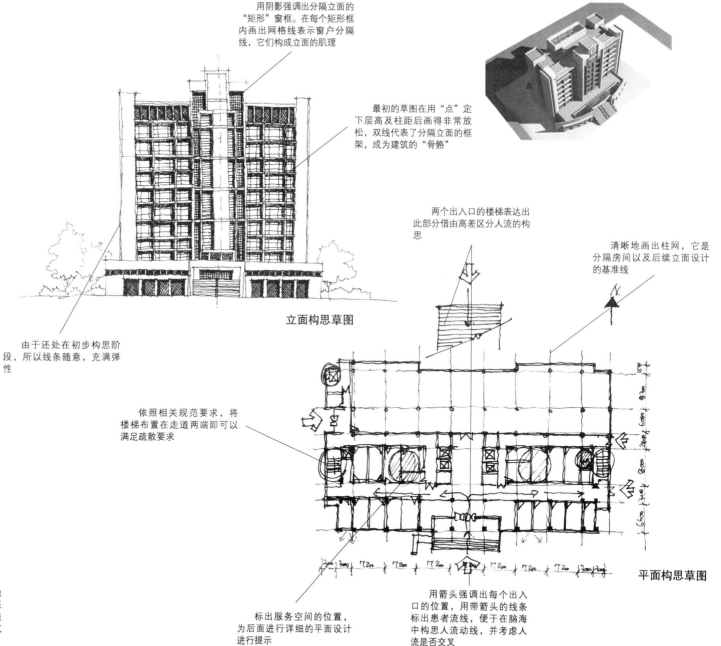

## 案例2——军队医院病房大楼设计

军队医院病房大楼设计
钢笔，描图纸
设计阶段：
第一稿草图
平面和立面构思

用阴影强调出分隔立面的
"矩形"窗框。在每个矩形框
内画出网格线表示窗户分隔
线，它们构成立面的肌理

最初的草图在用"点"定
下层高及柱距后画得非常放
松，双线代表了分隔立面的框
架，成为建筑的"骨骼"

两个出入口的楼梯表达出
此部分借由高差区分人流的构
思

清晰地画出柱网，它是
分隔房间以及后续立面设计
的基准线

由于还处在初步构思阶
段，所以线条随意，充满弹
性

依照相关规范要求，将
楼梯布置在走道两端即可以
满足疏散要求

**立面构思草图**

**平面构思草图**

第一稿草图
这个病房楼为原址重建建筑，由于用地
紧张，所以对建筑形体的束缚较大。考虑采
用方正的形体以优先满足使用功能及用地限
制，因此，先依据地形布置平面再进行建筑
形式的设计。

标出服务空间的位置，
为后面进行详细的平面设计
进行提示

用箭头强调出每个出入
口的位置，用带箭头的线条
标出患者流线，便于在脑海
中构思人流动线，并考虑人
流是否交叉

军队医院病房大楼设计
钢笔，描图纸
设计阶段：
第二稿草图
平面和立面构思深化

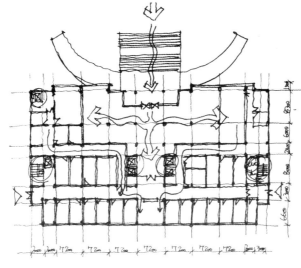

**二层平面构思草图**

处于画面前方的构架的阴影会落在后面的元素上。画出精细的阴影可以帮助表达立面设计的构思

窗户玻璃上的线条并非是要精细地表达出玻璃的分隔线，只是示意性地区分出玻璃的不同特征，或开启或固定，或者透明度与颜色的差异，为后续的设计提供方向性的指导

出挑的屋面板投下厚重的阴影，也强调出檐口部位的特殊设计

**立面构思草图**

第二稿草图
　　这一稿草图继续进行二层平面图的推敲并对立面的草图进行深化。虽然二层平面与一层平面有很大的相似性，但是对于功能复杂的建筑而言，在最初构思阶段就要把重要的平面图都统一思考才可以尽量避免功能及流线的不合理。对于形体简单的建筑而言，可以直接用详细的立面设计作为最终确定方案的手段。

军队医院病房大楼设计
钢笔，描图纸
设计阶段：
第三稿草图
透视草图

体块交界部位都采用柱子或连梁进行过渡，体现清晰的结构关系

弧形的透视线不容易画出，可以先在平面上勾画弧形的位置并标出辅助点，利用连接辅助点的方式画出弧线

由于只是将南向墙体改为弧形，所以仍旧可以在上一稿草图的基础上进行修改

**第三稿草图**
第一稿方案完成后感觉建筑形象过于规整、严谨，所以直接利用透视草图构思第二个方案。考虑在立面上采用弧形元素，使建筑具有轻松的气息，也能够使医院氛围更加平和。改变平面形式，将南向外墙改为弧形，微小的改动就为建筑带来了很大的变化。

**透视草图**

简化裙房的设计，画出连续的弧形拱廊

**案例3——医院门诊大楼设计**

医院门诊大楼设计
钢笔，描图纸
设计阶段：
第一稿草图
建筑形态概念构思

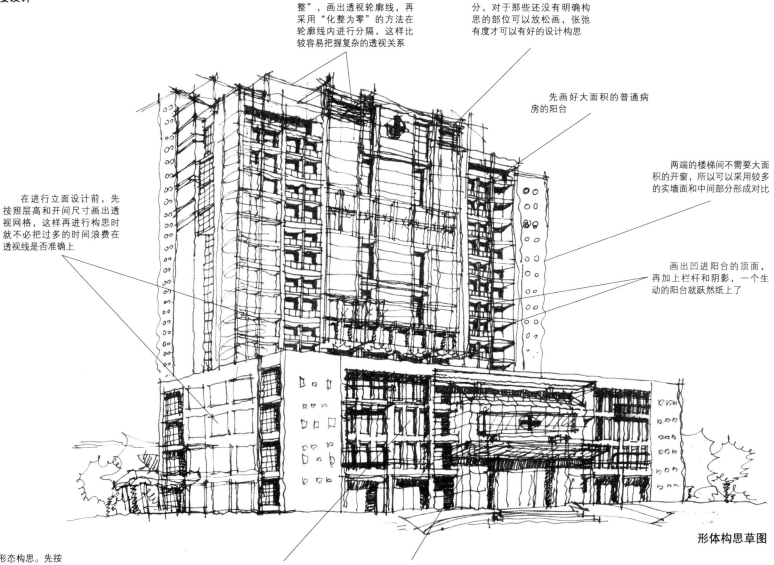

先将平面"化零为整"，画出透视轮廓线，再采用"化整为零"的方法在轮廓线内进行分隔，这样比较容易把握复杂的透视关系

先画出想法清晰的部分，对于那些还没有明确构思的部位可以放松画，张弛有度才可以有好的设计构思

先画好大面积的普通病房的阳台

两端的楼梯间不需要大面积的开窗，所以可以采用较多的实墙面和中间部分形成对比

在进行立面设计前，先按照层高和开间尺寸画出透视网格，这样再进行构思时就不必把过多的时间浪费在透视线是否准确上

画出凹进阳台的顶面，再加上栏杆和阴影，一个生动的阳台就跃然纸上了

**第一稿草图**
平面确定后即进行建筑形态构思。先按照建筑平面轮廓尺寸画出透视轮廓线，再依照平面柱网尺寸画出立面的透视网格作为立面设计的依据。考虑将建筑设计为对称结构，并对建筑中间部位及两端楼梯间进行特殊处理以突出重点，裙房部分的设计也与上部病房楼相呼应。

在墙体上画出矩形框及其顶面和侧面，就形成了一个竖条窗

为了突出入口空间，构思采用体块穿插的方法，一个巨大的坡顶玻璃盒子从矩形框内突出，形成很强的视觉冲击力

**形体构思草图**

医院门诊大楼设计
钢笔，描图纸
设计阶段：
第二稿草图
概念构思的深化

变换楼梯间的开窗方式，
为病房大楼增加些许轻松气息

经过反复考虑后，决定
用更加统一的设计手法处理
中间体块。用横向线条表示
玻璃幕墙的分隔线

由于透视角度的关系，
离站点越远的开间表示在纸
上的尺寸越小，逐次变化，
体现透视规律就可以让图纸
更加真实

删掉前一次设计中与建筑
整体形象冲突较大的圆形要素

不同的线条网格示意性
地表示不同的玻璃分隔方式

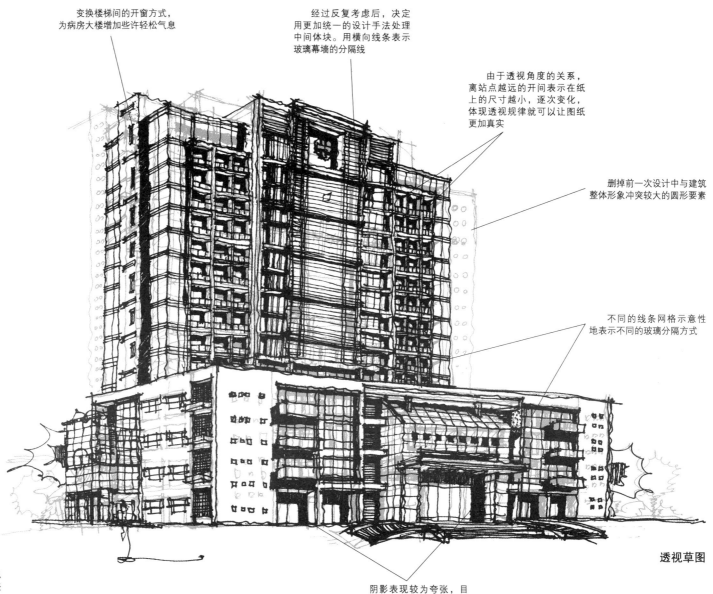

透视草图

第二稿草图
　　此次草图的绘制需要完成两个核心目
标：其一是通过草图勾画将不确定的构思思
考清楚；其二是将已经确定的构思清晰地表
达。所以，可以先画不确定的部分，推敲清
楚后再从整体到局部依次描画，避免不必要
的返工。

阴影表现较为夸张，目
的是提示体块的处理方式

163

医院门诊大楼设计
钢笔，描图纸
设计阶段：
第三稿草图
透视表现图

画这张图时，头脑中要始终建立建筑围护体系和结构体系的关系图示。外墙、玻璃幕墙等围护系统与其结合方式决定了立面的形式

线条准确、严谨，虽然是蒙在上一张草图上绘制，但也要注意力集中，思考清楚线条的起点和终点再画

很多材质用手绘的方式难以表达清楚，可以用文字辅助说明

此处梁的高度约为跨度的1/10，准确画出，增加真实性和准确性

对于从上到下的通长线条，不容易一次性地画出，可以中断后继续开始，并不影响图纸的表现

立面构件的前后关系形成了丰富的立面表现，画图时要注意这些细微但影响建成效果的差异

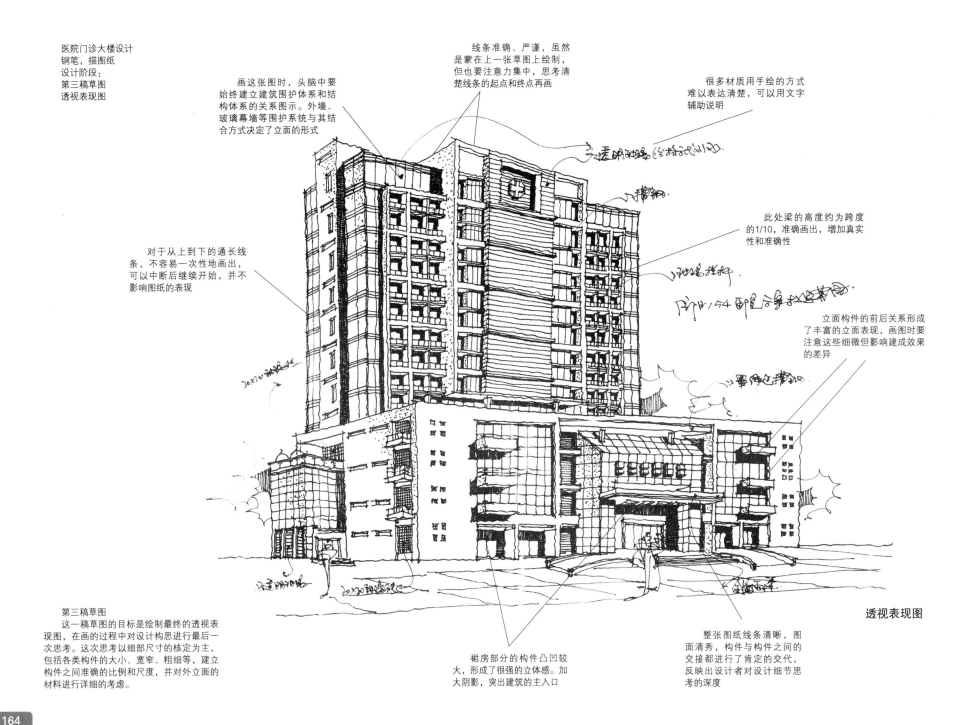

**透视表现图**

第三稿草图
这一稿草图的目标是绘制最终的透视表现图，在画的过程中对设计构思进行最后一次思考。这次思考以细部尺寸的核定为主，包括各类构件的大小、宽窄、粗细等，建立构件之间准确的比例和尺度，并对外立面的材料进行详细的考虑。

裙房部分的构件凸凹较大，形成了很强的立体感。加大阴影，突出建筑的主入口

整张图纸线条清晰，图面清秀，构件与构件之间的交接都进行了肯定的交代，反映出设计者对设计细节思考的深度

## 案例4——商业办公综合体设计

商业办公综合体设计
钢笔，描图纸
设计阶段：
第一稿草图
平面构思

将中庭空间标出，为下一步深化平面做准备

在前期综合整理了设计条件后，越过分析图阶段直接将各个功能体块布置在平面图上

在画出平面的同时构思影响建筑体块及立面的部位。下沉空间和多样的退台如同空中城市客厅

平面构思草图

第一稿草图
这个项目位于闹市区，设计内容是包括商业裙房及写字楼的城市综合体，周边已经有规模较大的商业综合项目，如何在现有条件下突出特色、吸引大量人流并成为城市地标是前期构思的核心任务。由于功能和设计目标都较为复杂，因此，概念设计是从平面构思开始的。在与城市主要道路衔接的界面上试图设计多样化的空间层次和人行通道，将人流顺畅地引入建筑。同时，这些下沉空间、自动扶梯、人行天桥、屋顶平台、挑出的平台使这栋建筑能够提供多样化的交往空间，进而成为能够影响城市空间及城市生活的重要节点。

示意性地画出踏步，在尺度上非常夸张但是易于在构思阶段表明主要意图

考虑架设人行通道跨越下沉空间，增加入口空间的新鲜体验

绘制过程：
1. 将任务书中的退线要求详细地画在地形图中，并根据上位规划安排建筑主要出入口的位置。
2. 查找资料，从建筑与外部空间的关系开始着手，画出下沉广场、地面广场等公共开放空间。
3. 依照人流进入建筑的次序构思走廊式的中厅空间，它们同时联系了建筑的各个出入口。

商业办公综合体设计
钢笔，描图纸
设计阶段：
第二稿草图
概念构思的深化

第二稿草图
　　上一稿草图将总平面图、一层平面图等
图纸的内容都表达在了一张纸上，不便与他
人交流，这一稿草图主要是将模糊的线条描
画清晰，并借助SketchUp软件对建筑体块进
行推敲和分析。

绘制过程：
　　1.在上次草图的基础上将建筑的外轮廓
线描画清晰。
　　2.用箭头确切地标出各个出入口，便于
在深化平面图及进行立面设计时作出重点的
处理。
　　3.借助文字标注让构思表达更加清楚。
　　4.画出主要的竖向交通位置及方式，便
于在深化平面时依据功能要求及防火分区面
积对竖向交通进行设计。

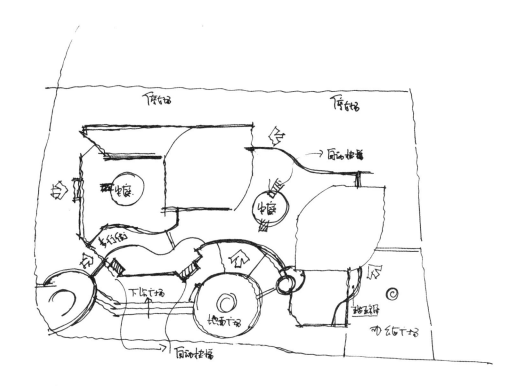

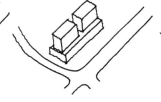
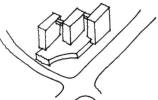

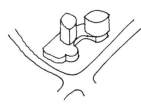

体块构思1：
建筑面积：46735m²
占地面积：5743 m²
容积率：3.19
建筑密度：39.2%
建筑高度：60m
建筑层数：15层（商业部
分高4层，办公部分高11层）
　　业态配比：商业49.2%、
办公50.8%

体块构思2：
建筑面积：46319 m²
占地面积：5581 m²
容积率：3.16
建筑密度：37.6%
建筑高度：60m
建筑层数：15层（商业部
分高4层，办公部分高11层）
　　业态配比：商业35.7%、
办公64.3%

体块构思3：
建筑面积：46793m²
占地面积：5760 m²
容积率：3.19
建筑密度：39.3%
建筑高度：60m
建筑层数：15层（商业部
分高4层，办公部分高11层）
　　业态配比：商业46.3%、
办公53.7%

体块构思4：
建筑面积：46813m²
占地面积：5785 m²
容积率：3.19
建筑密度：37.6%
建筑高度：60m
建筑层数：15层（商业部
分高4层，办公部分高11层）
　　业态配比：商业49.4%、
办公50.6%

体块构思5：
建筑面积：46368m²
占地面积：5197m²
容积率：3.16
建筑密度：35.7%
建筑高度：60m
建筑层数：15层（商业部
分高4层，办公部分高11层）
　　业态配比：商业45.1%、
办公54.9%

商业办公综合体设计
钢笔，描图纸
设计阶段：
第三稿草图
透视表现图

用百叶和玻璃的交错形成立面的肌理，图面看似复杂，其实在确定好每个单元的尺寸及透视轮廓线后只是简单的线条重复，所以不必被庞大的工作量吓倒，在进行最终稿的透视图表现时需要有极大的自信心和耐心

第三稿草图
建筑方案的投标时间往往都很紧张，方案深化、效果图制作、CAD图纸的绘制、文本制作都需要花费大量的时间，因此，方案创作的时间又被严重地挤压。在平面草图及概念构思确定后，形体构思与平面深化往往是同时进行的，这样可以提前进行效果图的制作以便节约时间。这一稿草图就是在上一稿草图基础上对立面构思的深化，详细考虑体块及细部的处理方式，及时提供给效果图制作公司与立面绘制人员。

用不同宽度的阴影表达出开窗方式的不同。宽度大的阴影表示窗户凹进墙面的深度较大，而玻璃幕墙的分隔则与之相反

透视表现图

绘制过程：
1. 在上一稿草图的基础上找出需要强化的元素加以深化。
2. 强化商业裙房立面的片墙，使它们结合退台形成韵律，凸显出主入口的重要性。
3. 在大脑中构思各个体块的前后关系，表达清晰。
4. 细化窗户的形式，通过玻璃及百叶创造立面的肌理。
5. 增加配景。
6. 标注文字。

简略地表达商业裙房底层连续的橱窗

夸张地画出雨篷巨大的阴影，表达主入口的进深感

广场上的下沉庭院被遗漏，画几棵树粗略地表示下沉空间的位置

增画配景人物及栏杆表达出上人平台的位置和空间感

商业办公综合体设计
钢笔，描图纸
设计阶段：
第四稿草图
平面深化

第四稿草图
　　最初的平面构思草图表达内容过多，因此首先在它的基础上分离出最为重要的首层平面图与二层平面图。由于徒手绘制平面图的精确度不高，所以在主要构思确定下来后使用电脑进行深化能够节约大量的时间。同时可以继续深化思考平面草图没有涉及的内容，比如塔楼的精确位置，塔楼核心筒与商业空间的关系，商业空间的分割形式等。

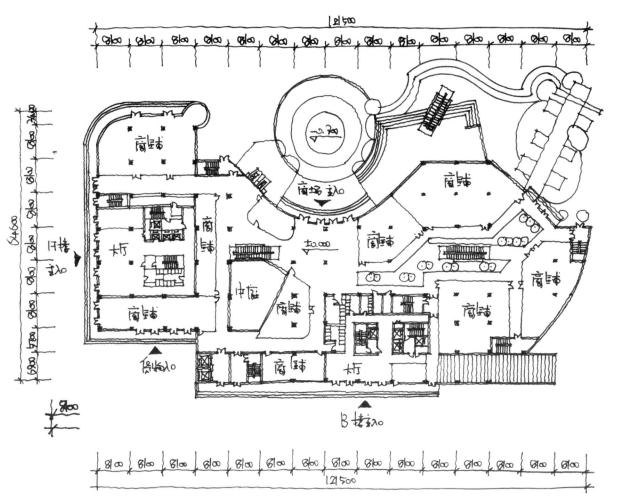

绘制过程：
　　1. 在最初构思草图的基础上把已经确定下来的线条描画清楚。
　　2. 标出主要竖向交通的位置。
　　3. 画出空间的主要构思，比如中庭、连续的室内街道等，便于同他人交接。
　　4. 在电脑上的建筑红线范围内用红色轴线画出8100mm×8100mm的柱网。
　　5. 将平面草图扫描导入电脑，并使柱网覆盖在草图上。
　　6. 调整草图的大小使其处在红线的适宜范围内，在电脑上描画平面图。
　　7. 描画时要根据柱网对平面图进行调整和深化，例如需要使核心筒恰好位于柱距内。

## 案例5——高速公路服务区设计

高速公路服务区设计
钢笔，描图纸
设计阶段：
**概念构思**
**第一稿草图**

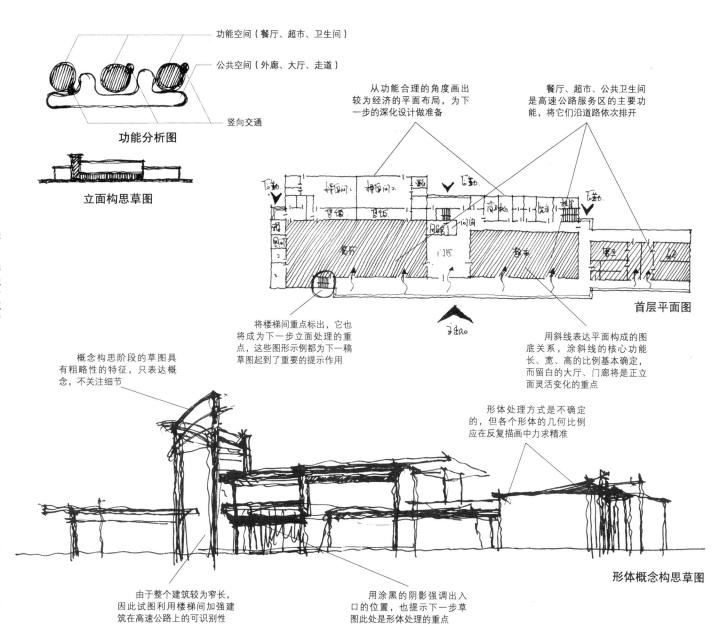

功能空间（餐厅、超市、卫生间）

公共空间（外廊、大厅、走道）

竖向交通

**功能分析图**

**立面构思草图**

第一稿草图

此次草图绘制的目的是对建筑的体块进行划分，并借助草图寻找设计的创新之处。服务区的平面狭长，其主要功能依次为入口门厅及休息厅、公共卫生间、超市、餐厅等，在草图上把它们按照功能的逻辑性分配在立面上。这一稿草图并不过度地追求尺寸和比例的准确与客观，用凌乱的线条把建筑概念进行表达，并在与草图的互动中发现新的灵感。

从功能合理的角度画出较为经济的平面布局，为下一步的深化设计做准备

餐厅、超市、公共卫生间是高速公路服务区的主要功能，将它们沿道路依次排开

将楼梯间重点标出，它也将成为下一步立面处理的重点，这些图形示例都为下一稿草图起到了重要的提示作用

用斜线表达平面构成的图底关系，涂斜线的核心功能长、宽、高的比例基本确定，而留白的大厅、门廊将是正立面灵活变化的重点

**首层平面图**

概念构思阶段的草图具有粗略性的特征，只表达概念，不关注细节

形体处理方式是不确定的，但各个形体的几何比例应在反复描画中力求精准

绘制过程：
1. 定出其高度，按照平面的跨度定出建筑在两点透视角度下的长度。
2. 划分各个功能体块。
3. 按照建筑功能区分出墙体与玻璃的位置，以便下一稿草图对其进行不同的处理。
4. 考虑哪些部位是可以退进突出或进行特殊处理的，边画边思考。

由于整个建筑较为窄长，因此试图利用楼梯间加强建筑在高速公路上的可识别性

用涂黑的阴影强调出入口的位置，也提示下一步草图此处是形体处理的重点

**形体概念构思草图**

169

高速公路服务区设计
钢笔，描图纸
设计阶段：
深化立面构思
第二稿草图

第二稿草图
　　此次草图绘制的目的是在上一次草图繁杂的线条中寻找秩序，并探索在重点部位创新的可能性。在这个过程中，思维的重点是如何在保证基本的功能不受影响的前提下增加这个高速公路服务区形象上的可识别性，所以楼梯间、连续的弧形玻璃幕墙以及底层门廊成为设计的重点。

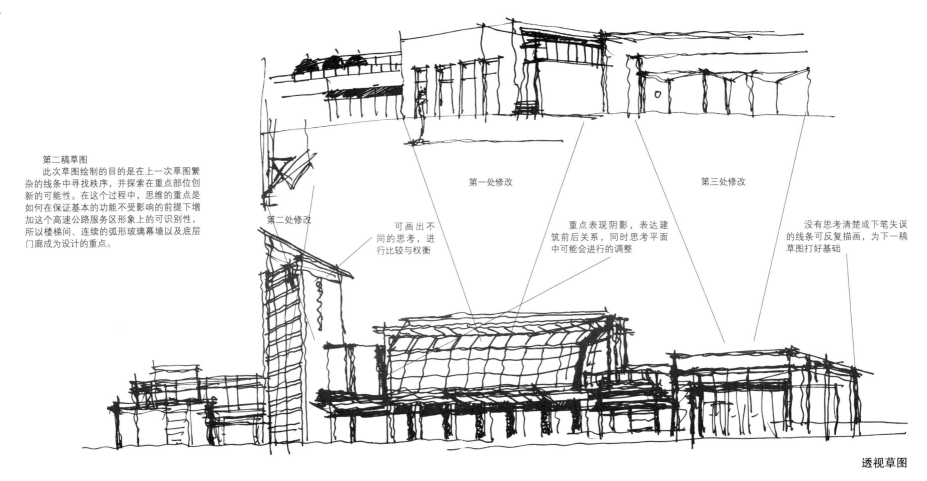

第一处修改

第三处修改

第二处修改

可画出不同的思考，进行比较与权衡

重点表现阴影，表达建筑前后关系，同时思考平面中可能会进行的调整

没有思考清楚或下笔失误的线条可反复描画，为下一稿草图打好基础

透视草图

绘制过程：
　　1. 在草图纸上先将不确定的设计构思用小幅图面画出进行推敲。
　　2. 将重点体块的外轮廓线描出，并适当对个别线条进行扭转，形成体态上的变化。
　　3. 画出底层门廊将各个功能体块统一在一起。

高速公路服务区设计
钢笔，描图纸
设计阶段：
调整比例，构思细节
第三稿草图

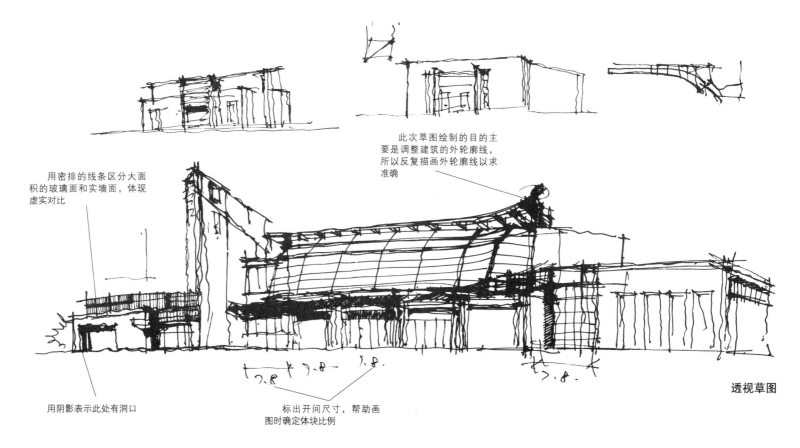

此次草图绘制的目的主要是调整建筑的外轮廓线，所以反复描画外轮廓线以求准确

用密排的线条区分大面积的玻璃面和实墙面，体现虚实对比

透视草图

用阴影表示此处有洞口

标出开间尺寸，帮助画图时确定体块比例

在画图时，边设计立面边思考透视线条的走向确实压力很大，当直接思考三维图形有困难时，可以先画出小的立面草图，再画三维透视图

第三稿草图
上一稿草图成图较快，这一稿草图在仔细地核对平面后依据层高和建筑开间的比例重新衡量建筑各个体块的长、宽、高的比例，并对建筑的外轮廓线进行调整，使其更加真实，同时开始构思建筑的细节。

高速公路服务区设计
钢笔，描图纸
设计阶段：
细部设计
第四稿草图

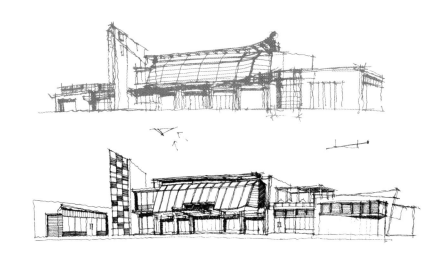

第四稿草图
　　大的形体关系和重要部位的细节构思在
前几张草图中都已经确定下来，在这一张草
图中强迫自己逐个思考方案阶段所有部位的
细节构思，完成方案设计。按照先核心体块
后次要体块，先重要部位后次要部位，从上
到下、从前到后的顺序进行绘制。

表现彩条玻璃　　　　　主入口的位置做了新的处理　　　　继续对上一次不准确的透　　　　两个体块的交接部位都
　　　　　　　　　　　　　　　　　　　　　　　　视线进行更为严谨的修正　　　　进行了更详细的思考，同时
　　　　　　　　　　　　　　　　　　　　　　　　　　　　　　　　　　　　　　这一稿草图需要把透视线都
　　　　　　　　　　　　　　　　　　　　　　　　　　　　　　　　　　　　　　画准确。简略地表达商业裙
　　　　　　　　　　　　　　　　　　　　　　　　　　　　　　　　　　　　　　房底层连续的橱窗

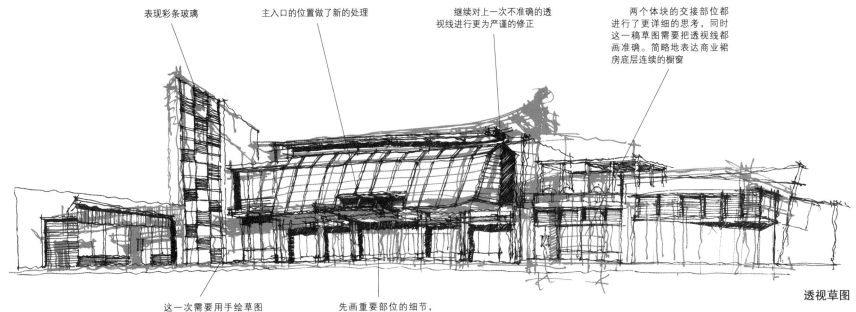

透视草图

这一次需要用手绘草图　　　　　　先画重要部位的细节，
的方式进行更详尽的思考，　　　　比如主入口及雨篷，以便体
所以可以换一支细笔进行绘　　　　现其主导地位也便于其他次
制，便于画清楚细节　　　　　　　要部位与之协调

高速公路服务区设计
钢笔，描图纸
设计阶段：
与甲方进行更深入的沟通
提供给效果图制作公司供建模时参考
最终稿草图

最终稿草图
　　此次草图绘制的目的是与甲方进行深入的沟通以便确定方案，同时提供给效果图制作公司供建模人员进行参考，节省与其沟通的时间。在画这张草图时，已经基本不存在需要进行设计思考的问题，只是进行手绘表现，所以线条比较拘谨细致，力求不进行多余的重复描画。

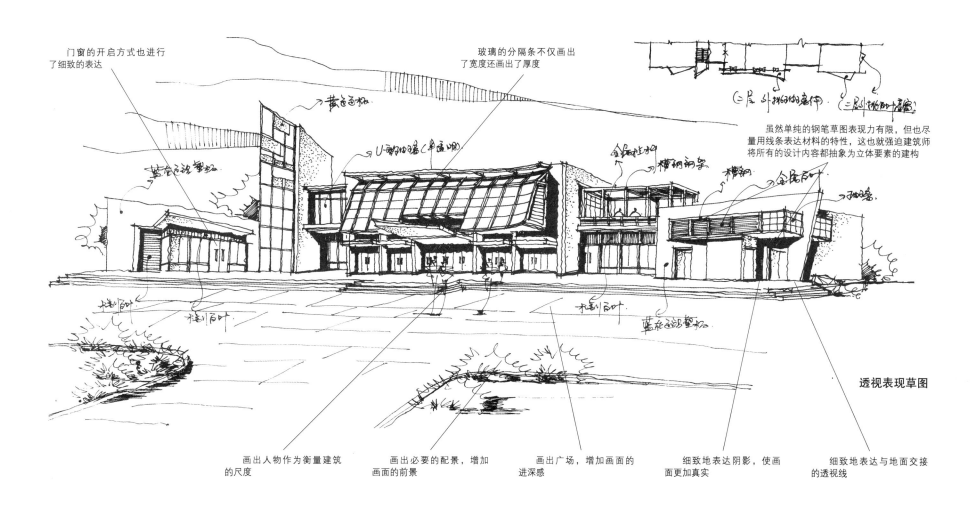

门窗的开启方式也进行
了细致的表达

玻璃的分隔条不仅画出
了宽度还画出了厚度

虽然单纯的钢笔草图表现力有限，但也尽量用线条表达材料的特性，这也就强迫建筑师将所有的设计内容都抽象为立体要素的建构

透视表现草图

画出人物作为衡量建筑
的尺度

画出必要的配景，增加
画面的前景

画出广场，增加画面的
进深感

细致地表达阴影，使画
面更加真实

细致地表达与地面交接
的透视线

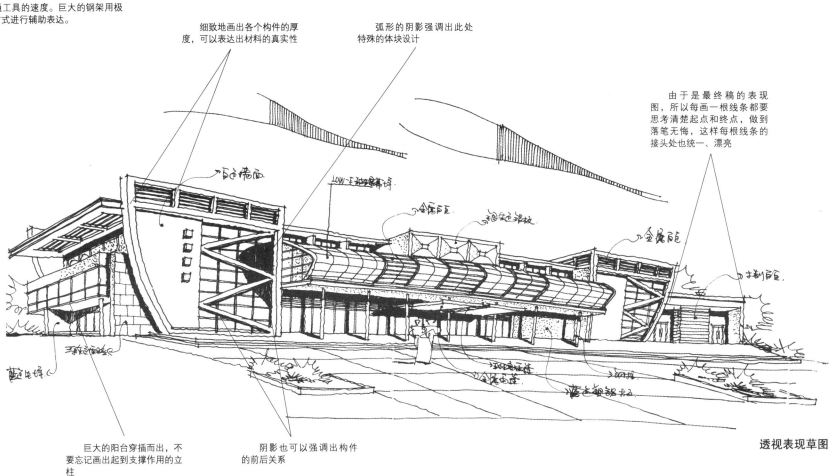

高速公路服务区设计
钢笔，描图纸
设计阶段：
方案二　最终稿草图

**最终稿草图**
　　这个方案完全打破了第一次设计方案的构思基础，重新进行探索。采用基本对称的形体，并用连续的如太空舱般的桶状玻璃体表现现代交通工具的速度。巨大的钢架用极其有力度的方式进行辅助表达。

细致地画出各个构件的厚度，可以表达出材料的真实性

弧形的阴影强调出此处特殊的体块设计

由于是最终稿的表现图，所以每画一根线条都要思考清楚起点和终点，做到落笔无悔，这样每根线条的接头处也统一、漂亮

巨大的阳台穿插而出，不要忘记画出起到支撑作用的立柱

阴影也可以强调出构件的前后关系

**透视表现草图**

**案例6——工业园区办公楼设计**

工业园区办公楼设计
钢笔，描图纸
设计阶段：
概念构思
第一稿草图

在场地分析图的基础上考虑将建筑进行群体组合。沿弧形放射的体块分别是安排办公、会议及住宿功能

用鸟瞰图把头脑中的构思描绘出来，信息的传达比透视图更加直接

场地周边的道路等级和性质、日照是影响建筑布局的主要因素，将它们都一一画出

**场地分析草图1**

按照常规思路，办公建筑呈南北向条式布局

从视线及城市景观角度衡量其合理性

透视准确与否无关紧要，只需能够表达出最核心的想法就可以了

**体块构思草图**

第一稿草图
某工业园区计划建设一栋办公楼，解决园区内的办公、行政服务及会议功能。首先，结合场地对该办公楼的平面布局进行分析，并对形体进行概念构思，力图在设计的最初阶段用理性的分析控制建筑的设计走向。

绘制过程：
1. 画出建筑周边道路布局，并按照常规思路画出建筑布局，对其进行合理性分析。
2. 考虑视角和日照因素，对建筑形态进行调整。
3. 画出建筑的透视体块，对其合理性及发展趋势进行进一步思考。

为了形成连续的视线界面，建筑转角改为弧形是比较合适的布局

**场地分析草图2**

为了既兼顾日照又兼顾道路的走向，也可以采用同样的方式

工业园区办公楼设计
钢笔，描图纸
设计阶段：
总平面构思
第二稿草图

第二稿草图
在用鸟瞰图初步探索了建筑的形体组成后，继续把这个构思用总图的形式画出，进行合理性分析。由于建筑体型较为复杂，所以首先借助总平面图对各个出入口、道路系统及配套设施的布局进行思考。

当设计逐步深入时，表达设计概念的图纸必须比例正确才能够客观地检验

用密实的线条将建筑强调出来，清晰的图底关系更有利于对方案的评估

办公用房进深较小，所以将一个矩形体块拆解为两个条式建筑，它们围合成内部庭院，增加了空间的趣味

通过画总平面图的过程强制性地将停留在概念构思基础上的设计进程推进

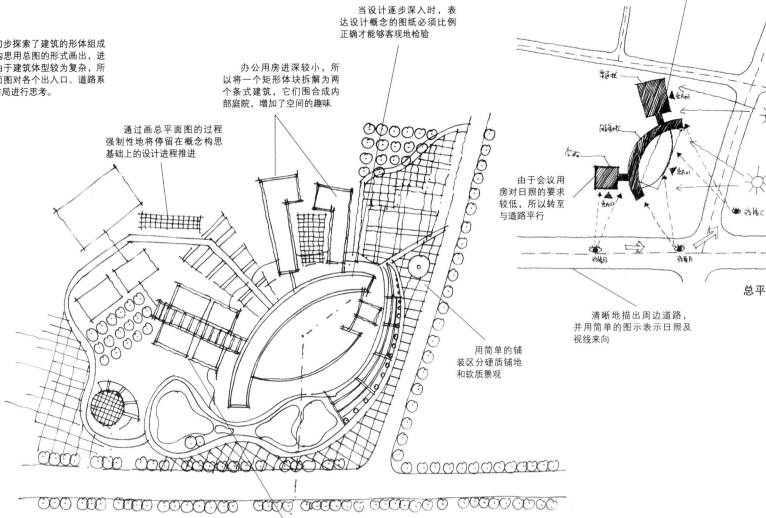

用简单的铺装区分硬质铺地和软质景观

由于会议用房对日照的要求较低，所以转至与道路平行

清晰地描出周边道路，并用简单的图示表示日照及视线来向

**总平面分析图**

**总平面构思草图**

继续将会议部分扭转，以避免快速路的噪声干扰。并顺手在场地边缘画出小坡地，表示通过微地形改造形成的小草坡

工业园区办公楼设计
钢笔，描图纸
设计阶段：
第三稿草图
形体设计
透视鸟瞰图

不停地把出现在脑海中
的关于屋顶的构思画下来，
重叠杂乱的线条显示出思维
的过程，也便于在讨论方案
时进行再次的评估

由于建筑较为低矮，所
以考虑在屋顶上进行特殊的
采光井设计，形成标志性

结合室内空间的变化先把
高度及体量有变化的体块画
出，这样待整张图纸完成后可
以统一进行调整

此处计划放置解决竖向
交通的楼梯间，也可以成为
立面形式的变化。思考不清
透视怎样画时，就先画出平
面图，再在脑海中利用画法
几何原理将它进行转化

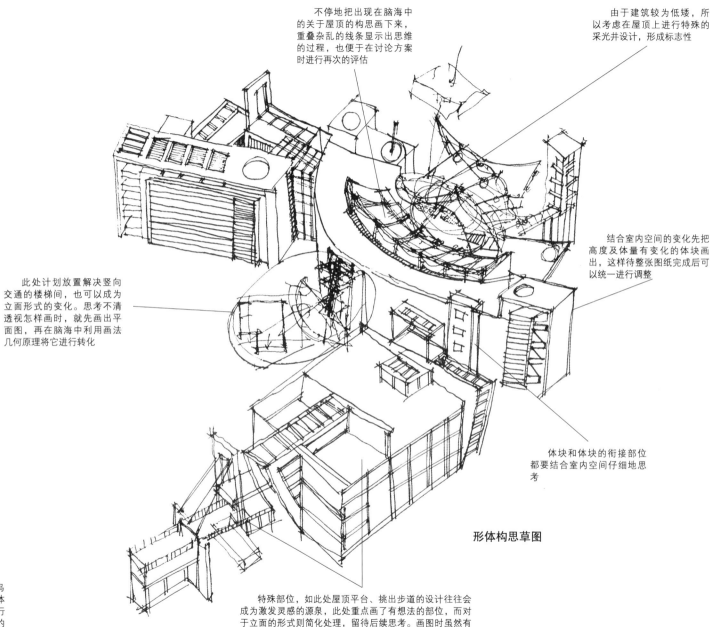

体块和体块的衔接部位
都要结合室内空间仔细地思
考

形体构思草图

第三稿草图
在平面体块确定下来后直接借助透视鸟
瞰图的绘制进入立面设计工作。由于各个体
块相对独立，可以按照不同的体块逐次进行
设计。立面设计时需要根据各个体块功能的
不同确定不同的立面形式，并力求实现和
谐、统一。

特殊部位，如此处屋顶平台、挑出步道的设计往往会
成为激发灵感的源泉，此处重点画了有想法的部位，而对
于立面的形式则简化处理，留待后续思考。画图时虽然有
理性的顺序，但是也不必为了遵从"正确"的顺序而让好
的想法溜走

177

工业园区办公楼设计
钢笔，描图纸
设计阶段：
第四稿草图
透视草图

在窗户中间增加按照开间排列的立柱，体现结构的真实性

上一稿草图并没有对所有的设计细节都进行表达，所以这一稿草图画得较慢，线条也较为拘谨，边思考边画

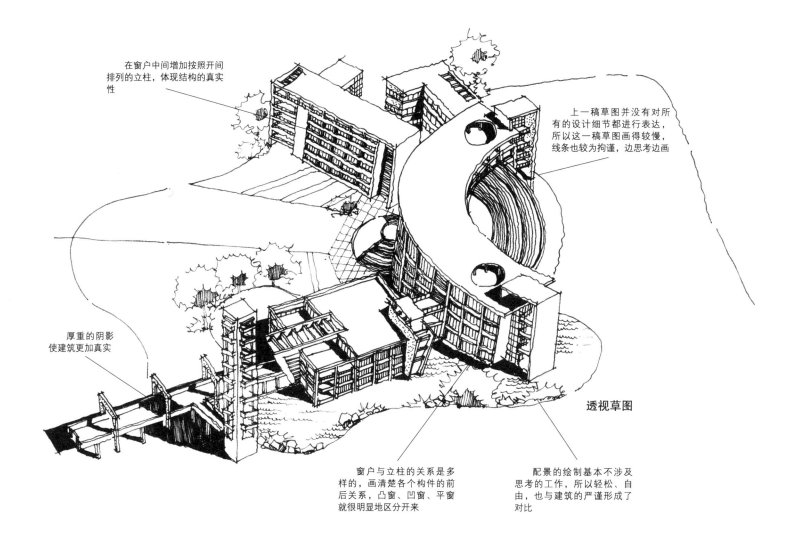

透视草图

厚重的阴影使建筑更加真实

窗户与立柱的关系是多样的，画清楚各个构件的前后关系，凸窗、凹窗、平窗就很明显地区分开来

配景的绘制基本不涉及思考的工作，所以轻松、自由，也与建筑的严谨形成了对比

第四稿草图
设计思考是一件非常繁重的脑力劳动，有时候难免会有畏难情绪，尤其是面对大体量建筑时。当设计工作难以推进时，试图画出一幅完整草图的意愿往往会成为巨大的驱动力，在慢慢地逐步完成草图绘制工作时，难以解决的设计难题也会随之解决。

工业园区办公楼设计
钢笔，描图纸
设计阶段：
第五稿草图
局部体块详细设计

第五稿草图
在上一稿草图的基础上又对会议功能空间部分的设计进行了重新思考，用放大图纸的方式把它画出。

当需要强迫自己进行更加深入细致的思考时，就可以采用将图纸放大的办法，图纸放大，需要画的细节就会全部暴露出来

在设计过程中，主要节点可以按照更大的比例推敲以丰富设计的细节。在设计过程中，依照设计的进程不断地调整图纸的比例即所画图纸的大小是重要的策略

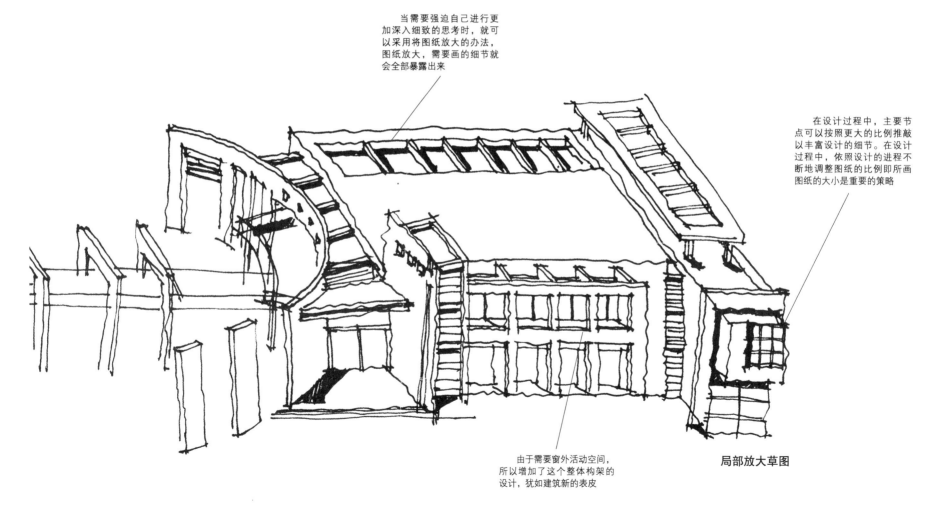

由于需要窗外活动空间，所以增加了这个整体构架的设计，犹如建筑新的表皮

局部放大草图

工业园区办公楼设计
钢笔，描图纸
设计阶段：
第六稿草图
平面设计

这样的设计程序使平面设
计的尺寸精确，并且结构体系
合理，避免了不必要的返工

第六稿草图
　这张图纸清晰地显示出手绘草图是如何
和计算机制图联动工作的。在总图确定后即
可以把它导入CAD程序，依照总图用计算机
画出轴线网格，再把轴线网格打印出来，在
拷贝纸上进行平面布局。

楼梯间及卫生间的位置
需要优先考虑

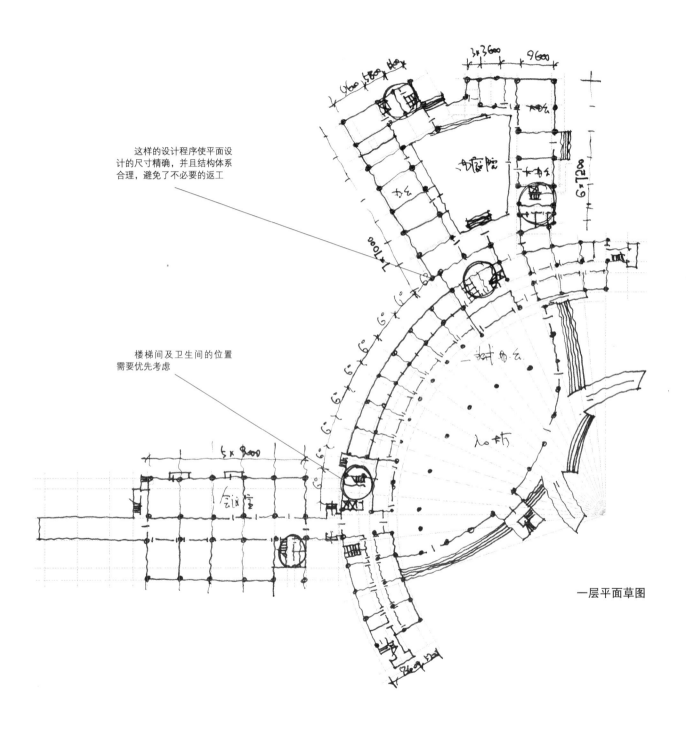

一层平面草图

绘制过程：
　1. 把总图导入CAD程序，并缩放到合适
大小。
　2. 依照总图的轮廓和柱网尺寸画出结构
网格。
　3. 将已经完成的结构网格按比例打印出
来，再进行深入的平面设计。

## 案例7——公安局办公楼设计

公安局办公楼设计
钢笔，描图纸
设计阶段：
建筑形体构思
第一稿草图

用方格网表示完整、统一的玻璃幕墙

按照平面比例画出体块轮廓线，因为要体现体块的完整性，所以不在檐口及山墙面做过多的形式处理

端部收进，与实墙面的外框相衔接

为了突出、强调主入口空间，计划将其上部的玻璃面向外倾斜。由于在透视图中并不能把这个设计意图画得十分清晰，所以增加外墙剖面图进行辅助表达

为了表达得更加清晰，对倾角和断面的大小都进行了夸张的处理

此处反映出雨篷和外墙的穿插关系

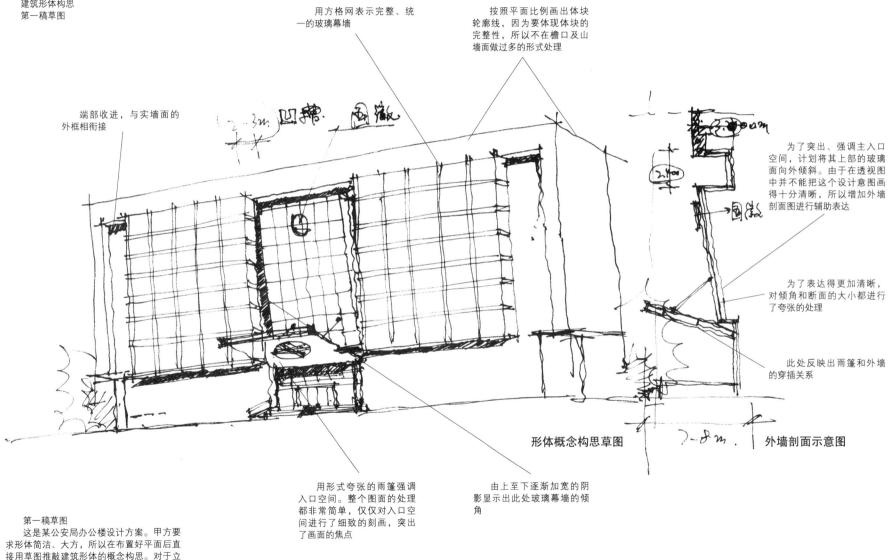

形体概念构思草图

外墙剖面示意图

用形式夸张的雨篷强调入口空间。整个图面的处理都非常简单，仅仅对入口空间进行了细致的刻画，突出了画面的焦点

由上至下逐渐加宽的阴影显示出此处玻璃幕墙的倾角

第一稿草图
这是某公安局办公楼设计方案。甲方要求形体简洁、大方，所以在布置好平面后直接用草图推敲建筑形体的概念构思。对于立面不做过多的复杂设计，而是采用大面积不同材料的对比体现建筑的个性。

公安局办公楼设计
钢笔，描图纸
设计阶段：
透视表现图
第二稿草图

**第二稿草图**
基本的形体确定下来后，继续用手绘草图的方法深入思考并进行设计表达。首先，对上一稿草图没有思考清楚的地方进行继续完善，如裙房和玻璃幕墙的做法及山墙面的开窗方式等。因为核心构思已经确定，所以这些部位的处理方式多以与核心构思相统一为原则。

由于要体现外轮廓的干净、完整，所以细致地把建筑外轮廓线画出

中部用细线表达光洁的玻璃幕墙上的玻璃分隔线

将上次草图中简单的方格网完善为槽钢骨架，并细致画出，反映了对于材料的思考

裙房的处理非常简单，用竖向的柱子体现出结构的力度

细致地画出此处的汽车坡道

透视表现图

公安局办公楼设计
钢笔，描图纸
设计阶段：
加建裙房透视表现图
第三稿草图

此处是临时将窗户改为
凹窗，画出顶面和阴影，体
现出结构的力度。可见，微
小的更改并不会影响整个图
纸的表达效果，不必因为小
小的失误就返工重画

表达不清的材料用文字
辅助说明

画出配景人物，表达此
处是透空的连廊

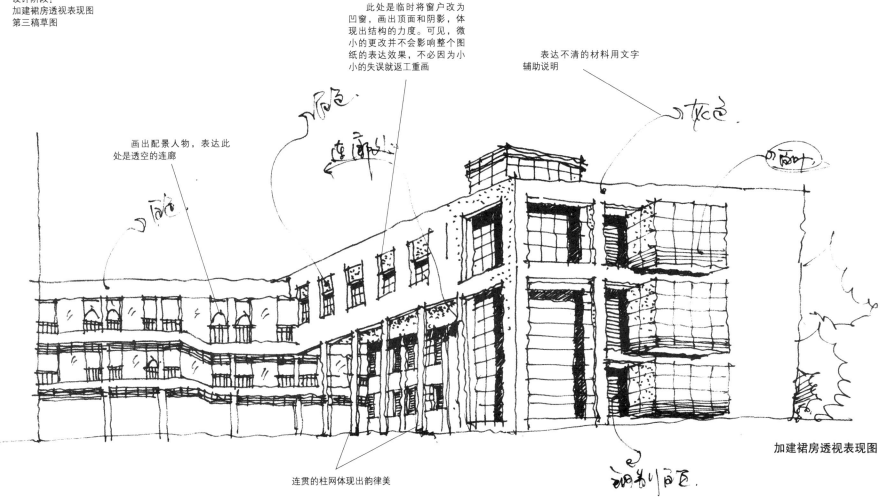

加建裙房透视表现图

连贯的柱网体现出韵律美

第三稿草图
由于甲方要求添加会议用房及会议用房
部分和办公楼的连廊，所以临时在现场画了
这张手绘草图快速地同甲方推敲方案。

183

公安局办公楼设计
钢笔，描图纸
设计阶段：
平面构思
第四稿草图

详细地画出竖向交通
核，包括楼、电梯间的布局
及门的开启方向，核对前室
的面积是否满足相关规范的
要求

标出轴号，方便后续图
纸的衔接

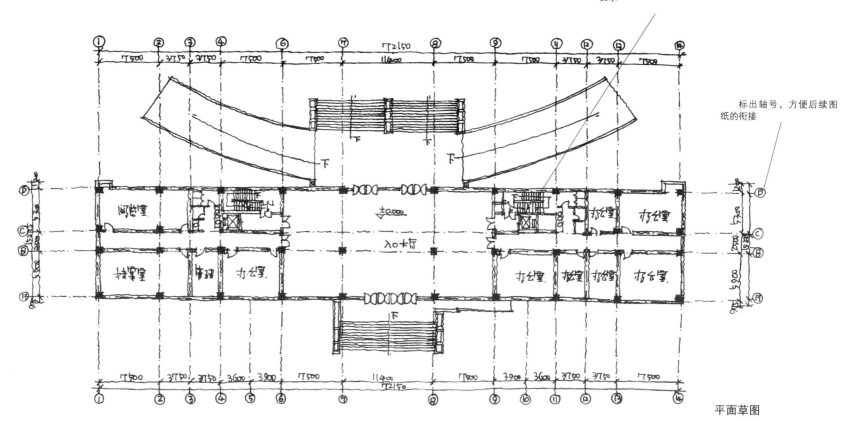

平面草图

第四稿草图
　　在建筑设计过程中，平面设计和立面设
计总是在不断校核的过程中完善的。在立面
构思基本完成后结合立面设计对平面进行深
化，确定各个开间的尺寸及房间布局，力求
满足使用及相关规范的要求。

## 案例8——铝电厂办公楼设计

铝电厂办公楼设计
钢笔，描图纸
设计阶段：
第一稿草图
体型构思

**第一稿草图**
这是一个建在厂区内的小型办公建筑，通过前期与甲方的沟通，形成了庭院式布局的构思，希望通过建筑来围合庭院，营造小巧精致、景色优美的办公环境。许多最终决定这栋建筑形式的想法都是在初期构思时形成的，头脑风暴式的集中讨论以及寥寥数笔的草图影响了建筑的最终走向。

**绘制过程：**
1. 结合甲方要求及场地条件对建筑布局进行分析。
2. 在论证了总图构思的合理性后核算建筑面积是否符合要求，并确定各个体块的层数。
3. 粗略地画出体块透视轮廓线，探索体型是否合适，并构思屋顶组合方式。

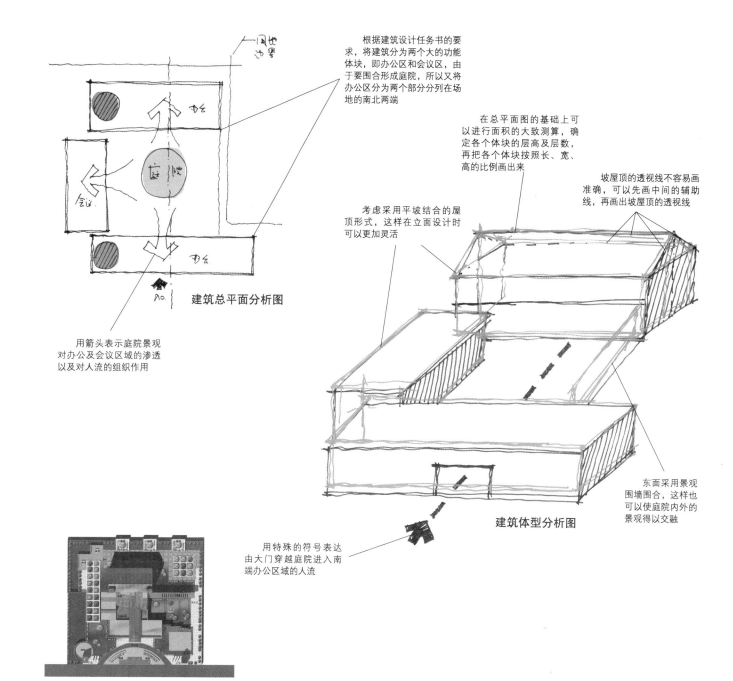

根据建筑设计任务书的要求，将建筑分为两个大的功能体块，即办公区和会议区，由于要围合形成庭院，所以又将办公区分为两个部分分列在场地的南北两端

在总平面图的基础上可以进行面积的大致测算，确定各个体块的层高及层数，再把各个体块按照长、宽、高的比例画出来

坡屋顶的透视线不容易画准确，可以先画中间的辅助线，再画出坡屋顶的透视线

考虑采用平坡结合的屋顶形式，这样在立面设计时可以更加灵活

**建筑总平面分析图**

用箭头表示庭院景观对办公及会议区域的渗透以及对人流的组织作用

**建筑体型分析图**

东面采用景观围墙围合，这样也可以使庭院内外的景观得以交融

用特殊的符号表达由大门穿越庭院进入南端办公区域的人流

铝电厂办公楼设计
钢笔，描图纸
设计阶段：
第二稿草图
立面构思

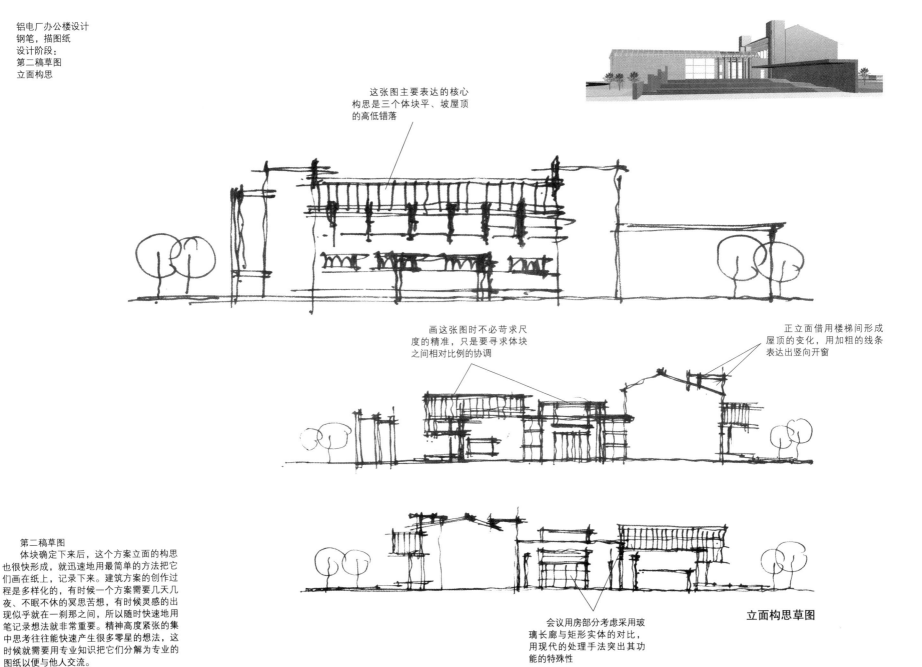

这张图主要表达的核心
构思是三个体块平、坡屋顶
的高低错落

画这张图时不必苛求尺
度的精准，只是要寻求体块
之间相对比例的协调

正立面借用楼梯间形成
屋顶的变化，用加粗的线条
表达出竖向开窗

第二稿草图
　　体块确定下来后，这个方案立面的构思
也很快形成，就迅速地用最简单的方法把它
们画在纸上，记录下来。建筑方案的创作过
程是多样化的，有时候一个方案需要几天几
夜、不眠不休的冥思苦想，有时候灵感的出
现似乎就在一刹那之间，所以随时快速地用
笔记录想法就非常重要。精神高度紧张的集
中思考往往能快速产生很多零星的想法，这
时候就需要用专业知识把它们分解为专业的
图纸以便与他人交流。

会议用房部分考虑采用玻
璃长廊与矩形实体的对比，
用现代的处理手法突出其功
能的特殊性

立面构思草图

铝电厂办公楼设计
钢笔，描图纸
设计阶段：
第三稿草图
平面构思

第三稿草图
　　在概念构思之后，通过草图继续分解抽象的体块。将普通办公用房部分按照内廊式布局分解为两个L形的体块，它们共同围合了一个小巧的庭院。在细化建筑屋顶平面时同时增加对建筑立面的考虑，并随手将这些构思画上去。在室外场地上布置道路、广场、水面、网球场等要素，共同组成完整的外部空间。

绘制过程：
1.用铅笔画出柱网。
2.用单线画出建筑的外轮廓线。
3.逐个区域划分房间。用双线条表示墙体，把门的位置预留出来。
4.画出楼梯间并简单地布置卫生间。
5.点出柱子并标出平面的主要尺寸。
6.布置内庭院。
7.标出主要房间名称。

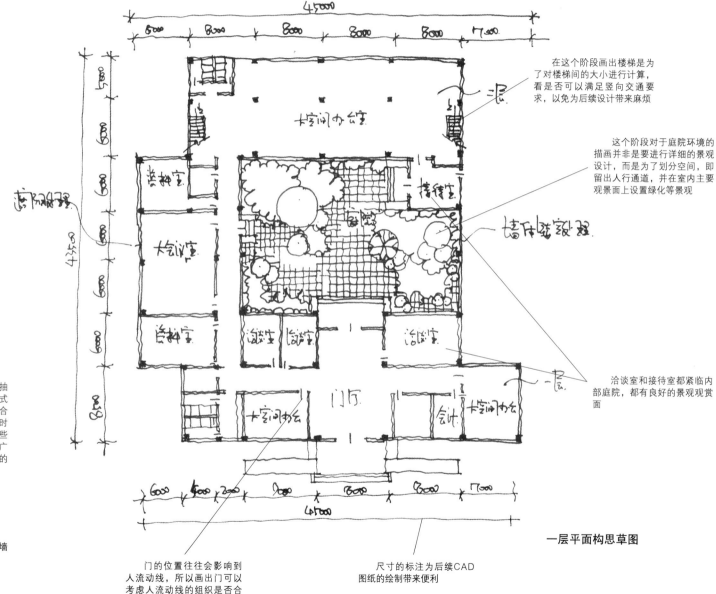

在这个阶段画出楼梯是为了对楼梯间的大小进行计算，看是否可以满足竖向交通要求，以免为后续设计带来麻烦

这个阶段对于庭院环境的描画并非是要进行详细的景观设计，而是为了划分空间，即留出人行通道，并在室内主要观景面上设置绿化等景观

洽谈室和接待室都紧临内部庭院，都有良好的景观观赏面

一层平面构思草图

门的位置往往会影响到人流动线，所以画出门可以考虑人流动线的组织是否合理

尺寸的标注为后续CAD图纸的绘制带来便利

铝电厂办公楼设计
钢笔，描图纸
设计阶段：
第四稿草图
立面深化

在坡屋顶的设计中，檐口部分的处理往往要更加细腻

宽大的阴影表达出门廊比较大的进深，也增加了立面的空间感

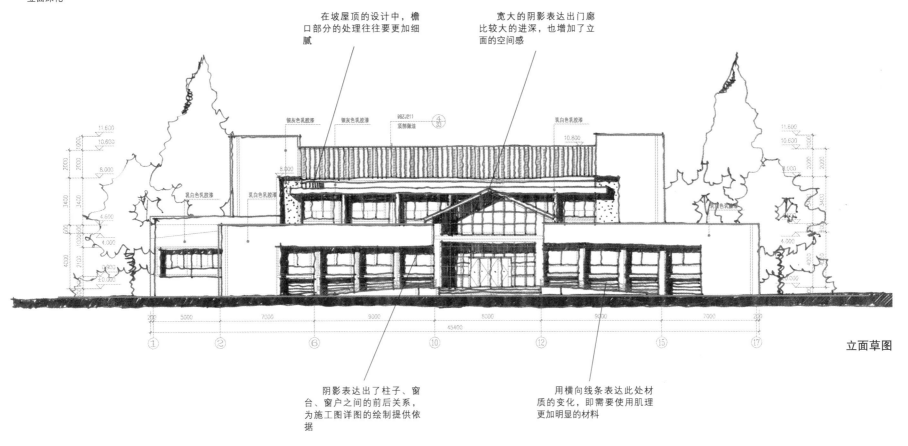

立面草图

阴影表达出了柱子、窗台、窗户之间的前后关系，为施工图详图的绘制提供依据

用横向线条表达此处材质的变化，即需要使用肌理更加明显的材料

第四稿草图
　　建筑平面确定后可以开始绘制详细的立面。由于前期构思时绘制的立面草图非常的粗略，所以在绘制CAD图纸之前还是先画出详细的立面草图，并在这个过程中把没有确定的细部处理方式确定下来，为后续的工作节约时间。

绘制过程：
1.首先确定建筑各个部分的层高。
2.依照前期对各个部分比例的构想确定女儿墙高度，并对照已经形成的平面图画出立面大致的外轮廓线。
3.按照平面柱网画出立面上窗户的分隔线。
4.增加特殊处理的细节。
5.画出阴影表达细部的凹进和凸出。
6.画出配景。
7.立面草图绘制清晰后，可以开始绘制准确的CAD图纸。

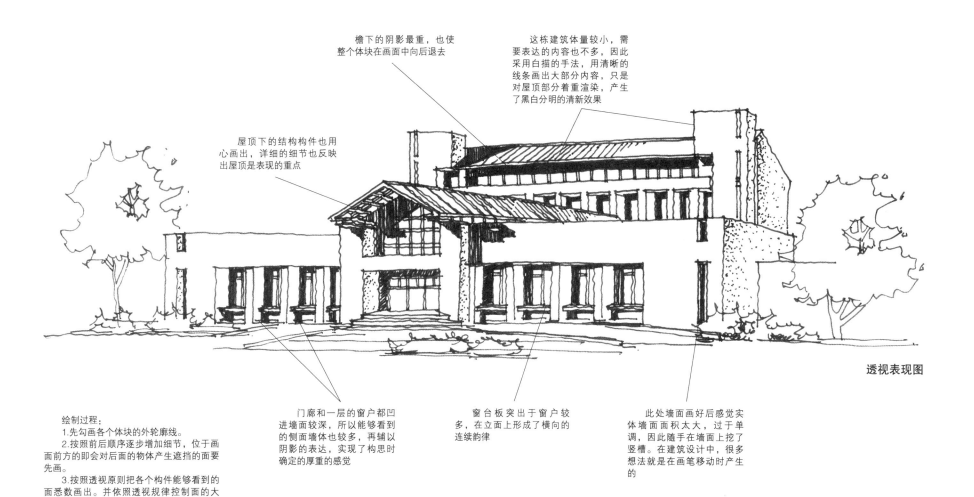

铝电厂办公楼设计
钢笔，描图纸
设计阶段：
第五稿草图
透视图

檐下的阴影最重，也使
整个体块在画面中向后退去

这栋建筑体量较小，需
要表达的内容也不多，因此
采用白描的手法，用清晰的
线条画出大部分内容，只是
对屋顶部分着重渲染，产生
了黑白分明的清新效果

屋顶下的结构构件也用
心画出，详细的细节也反映
出屋顶是表现的重点

透视表现图

绘制过程：
　1.先勾画各个体块的外轮廓线。
　2.按照前后顺序逐步增加细节，位于画
面前方的即会对后面的物体产生遮挡的面要
先画。
　3.按照透视原则把各个构件能够看到的
面悉数画出。并依照透视规律控制面的大
小。
　4.用线条或点的形式表达材料的肌理及
暗面。
　5.画出阴影并适当增画配景。

门廊和一层的窗户都凹
进墙面较深，所以能够看到
的侧面墙体也较多，再辅以
阴影的表达，实现了构思时
确定的厚重的感觉

窗台板突出于窗户较
多，在立面上形成了横向的
连续韵律

此处墙面画好后感觉实
体墙面面积太大，过于单
调，因此随手在墙面上挖了
竖槽。在建筑设计中，很多
想法就是在画笔移动时产生
的

铝电厂办公楼设计
钢笔，描图纸
设计阶段：
第六稿草图
构造详图
为画施工图做准备

标出主要部位标高，详细地把握各个细部的尺寸

檐口的构造往往是设计的重点，采用外檐天沟解决屋面排水问题。细节的尺寸与立面的效果直接相关

由于是草图，线的粗细表达比较模糊，所以用文字标出看线

标出层高线，便于在画外墙详图时与立面校核

对于各种材料的图例要非常熟悉，快速地在图上标出

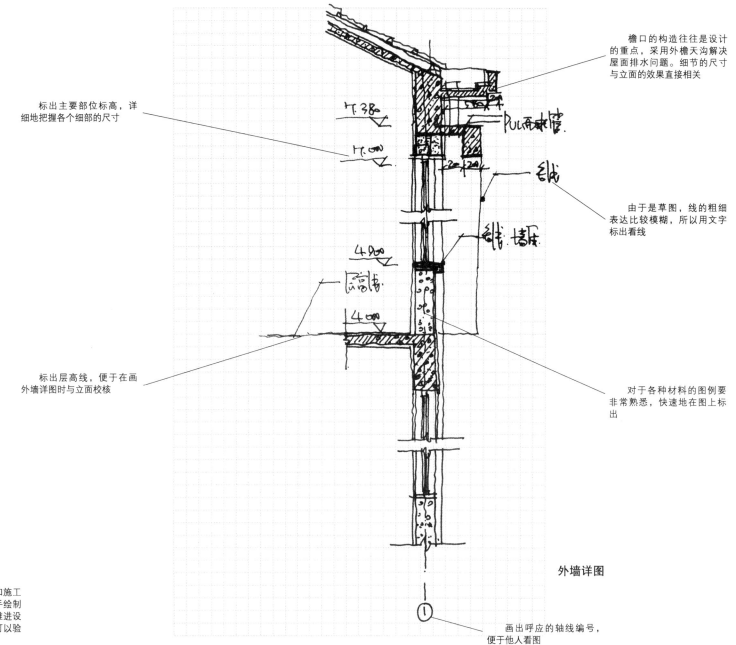

外墙详图

画出呼应的轴线编号，便于他人看图

第六稿草图
方案确定后，即将开始初步设计和施工图的工作，因此，在深化方案时可随手绘制一些构造详图的草图，不仅可以帮助推进设计深度为施工图的绘制打好基础，还可以验证方案的可行性，减少不必要的返工。

## 案例9——大学综合活动中心设计

大学综合活动中心设计
钢笔，描图纸
设计阶段：
第一稿草图
概念构思

第一稿草图

这是一个大学新校区总体规划投标中的一个单体建筑设计方案。在总体规划方案确定后，为该建筑预留了场地并对形体做了初步的构想。总体规划的投标时间通常都非常紧张，其重点在规划方面，留给建筑设计的时间非常少，因此，这个阶段的建筑设计方案就要求建筑师在极短的时间内形成一个功能完善且具有视觉冲击力的方案。

绘制过程：
1. 按照总平面的要求构思建筑平面的外轮廓。
2. 依据建筑设计的经验数据确定各个体块的长宽比。
3. 依照任务书对该建筑面积的要求确定各个建筑体块的层数。
4. 根据确定下来的平面外轮廓及层数画出透视轮廓线，推敲形体构成是否合适，并为下一步的工作打下基础。

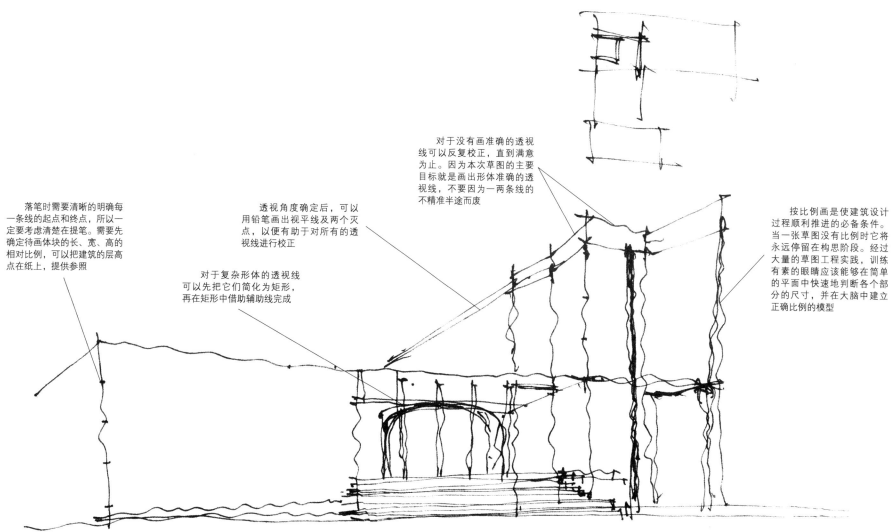

对于没有画准确的透视线可以反复校正，直到满意为止。因为本次草图的主要目标就是画出形体准确的透视线，不要因为一两条线的不精准半途而废

按比例画是使建筑设计过程顺利推进的必备条件。当一张草图没有比例时它将永远停留在构思阶段。经过大量的草图工程实践，训练有素的眼睛应该能够在简单的平面中快速地判断各个部分的尺寸，并在大脑中建立正确比例的模型

落笔时需要清晰的明确每一条线的起点和终点，所以一定要考虑清楚在提笔。需要先确定待画体块的长、宽、高的相对比例，可以把建筑的层高点在纸上，提供参照

透视角度确定后，可以用铅笔画出视平线及两个灭点，以便有助于对所有的透视线进行校正

对于复杂形体的透视线可以先把它们简化为矩形，再在矩形中借助辅助线完成

**形体概念构思草图**

大学综合活动中心设计
钢笔，描图纸
设计阶段：
第二稿草图
形体构思的深化

把新的想法在平面上画出来

考虑采用增加体块的方
法打破方盒子的沉闷，同时
与弧形体块相呼应

由于上一次草图已经确定
了每一个体块的高宽比，所
以这次线条就可以很放松，
主要以随意的推敲方案为主

重点处理弧形墙面与直
线墙面的交接处，避免形成
尖利的锐角

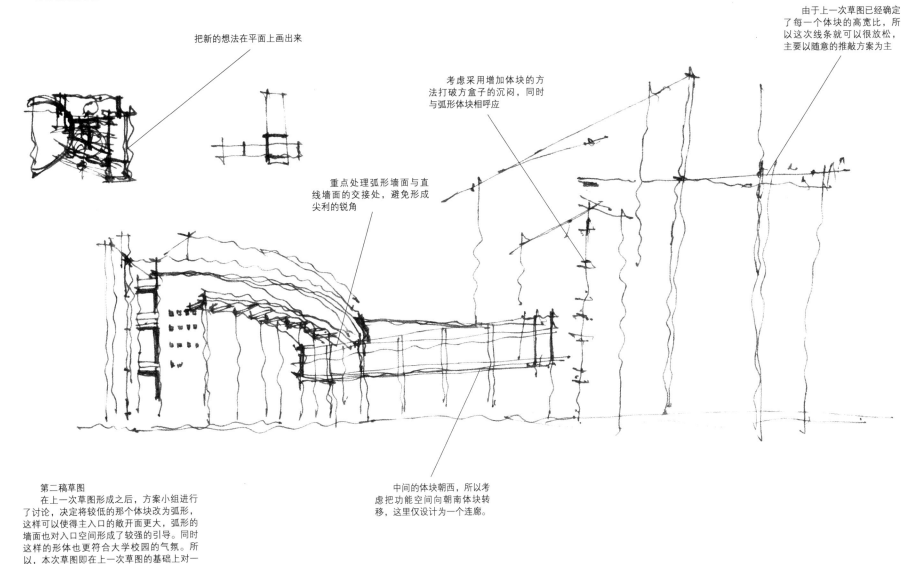

中间的体块朝西，所以考
虑把功能空间向朝南体块转
移，这里仅设计为一个连廊。

第二稿草图
　　在上一次草图形成之后，方案小组进行
了讨论，决定将较低的那个体块改为弧形，
这样可以使得主入口的敞开面更大，弧形的
墙面也对入口空间形成了较强的引导。同时
这样的形体也更符合大学校园的气氛。所
以，本次草图即在上一次草图的基础上对一
侧形体进行了修改，同时重新考虑了主入口
的处理方式。

大学综合活动中心设计
钢笔，描图纸
设计阶段：
第三稿草图
形体构思的深化

第三稿草图
　　这一稿草图是在上一稿草图的基础上对确定下来的构思进行深化。首先继续深化平面草图，在平面上把柱网确定下来，对于即将要在透视图上表达的立面，要清楚地知道有几个柱距，以便在绘制透视图时可以毫不犹豫地画出来。按照梁、板、柱的关系把立面进行基本的划分，以便继续寻找内在逻辑和灵感。把已经确定下来的构思强化表达，比如檐口部分突出的遮阳板相互呼应，还有对建筑角部的处理等。

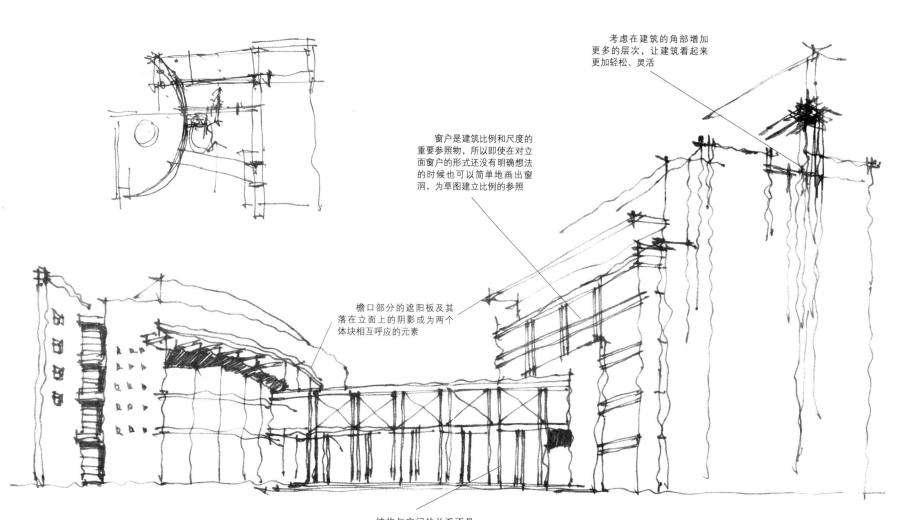

考虑在建筑的角部增加
更多的层次，让建筑看起来
更加轻松、灵活

窗户是建筑比例和尺度的
重要参照物，所以即使在对立
面窗户的形式还没有明确想法
的时候也可以简单地画出窗
洞，为草图建立比例的参照

檐口部分的遮阳板及其
落在立面上的阴影成为两个
体块相互呼应的元素

结构与空间的关系不是
被动的，而应是主动与建筑
空间布局结合，与建筑成为
一个整体，按照柱网尺寸画
出走廊的构思

透视草图

193

大学综合活动中心设计
钢笔，描图纸
设计阶段：
第四稿草图
继续推敲细部

第四稿草图
　　通过完整的草图描画使设计的深度不断
增加，而不是使设计游离在表面或局部。逐
个推敲没有确定的建筑细部，并不断地衡量
各个细节的合理性，这样，方案总是逐渐趋
于具体与合理，而不会在不断的交涉与讨论
过程中偏离初衷。在上次草图的基础上，首
先调整建筑各个体块的比例。比例的失调有
两个方面的原因，一种是表达的失误，透视
的失准，对层高表达的失误都有可能影响比
例；另外一种是设计手法处理不当，导致建
筑看起来不那么的合适。这两者都在调整的
范围内。

将这个部位的纵墙强化，
拔高它，在视觉上增加这个
体块的挺拔感，和左边的小
型体块相对比，形成很强的
视觉冲击力

调整层高，使建筑高度合理

添加阴影，增加了建筑
表达的力度

廊子高低错落，增加建
筑空间的趣味

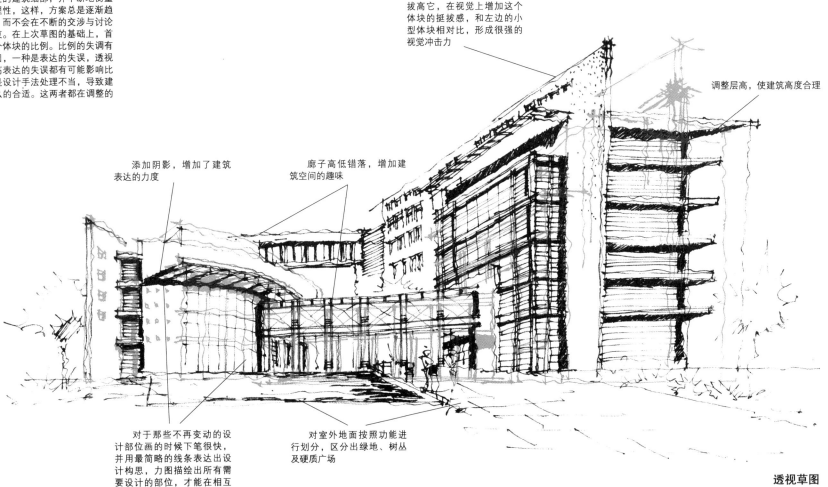

对于那些不再变动的设
计部位画的时候下笔很快，
并用最简略的线条表达出设
计构思，力图描绘出所有需
要设计的部位，才能在相互
的参照与对比中进行调整

对室外地面按照功能进
行划分，区分出绿地、树丛
及硬质广场

透视草图

194

大学综合活动中心设计
钢笔，描图纸
设计阶段：
第五稿草图
透视表现图

画出幕墙框架的宽度及
厚度，将幕墙框架画完整

在此处的遮阳板上开洞，
减轻其厚重感。先在遮阳板底
面上画出透视变形后的矩形，
再画出可以看到的两个侧面，
一个生动的洞口就跃然纸上了

考虑将此处弧形屋面设
计为上人屋面，在屋顶上画
出确保安全的栏杆

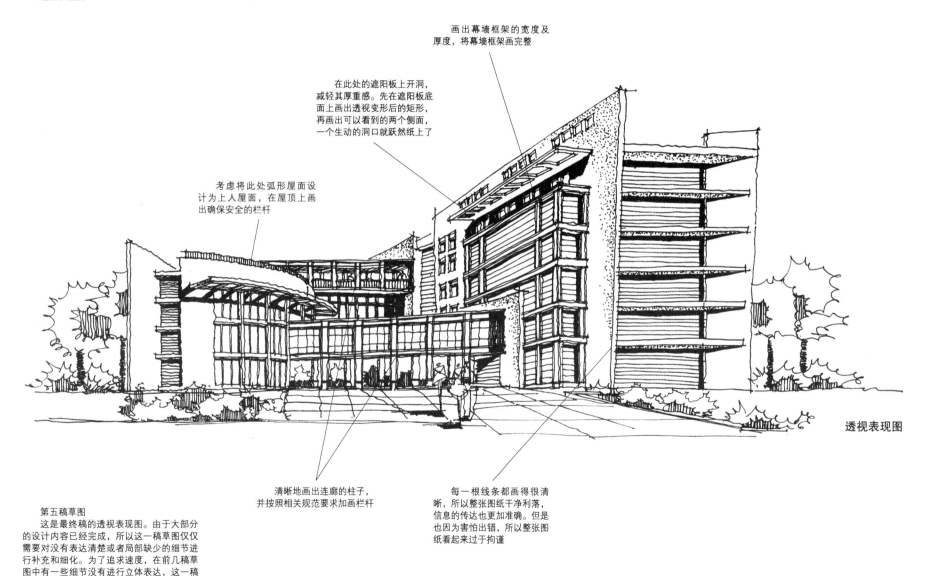

透视表现图

清晰地画出连廊的柱子，
并按照相关规范要求加画栏杆

每一根线条都画得很清
晰，所以整张图纸干净利落，
信息的传达也更加准确。但是
也因为害怕出错，所以整张图
纸看起来过于拘谨

第五稿草图
　　这是最终稿的透视表现图。由于大部分
的设计内容已经完成，所以这一稿草图仅仅
需要对没有表达清楚或者局部缺少的细节进
行补充和细化。为了追求速度，在前几稿草
图中有一些细节没有进行立体表达，这一稿
草图都一一加以完善。

## 案例10——大学行政办公楼设计

大学行政办公楼设计
钢笔,描图纸
设计阶段:
第一稿草图
形体概念构思

在大脑中构思透视角度
和重要轮廓线的透视方向,
把复杂形体简化为矩形体块
进行透视轮廓线的绘制

在每个体块的两端增加
楼梯间解决疏散问题。由于
是第一稿草图,所以想到就
画出来,不必在意线条的重
叠

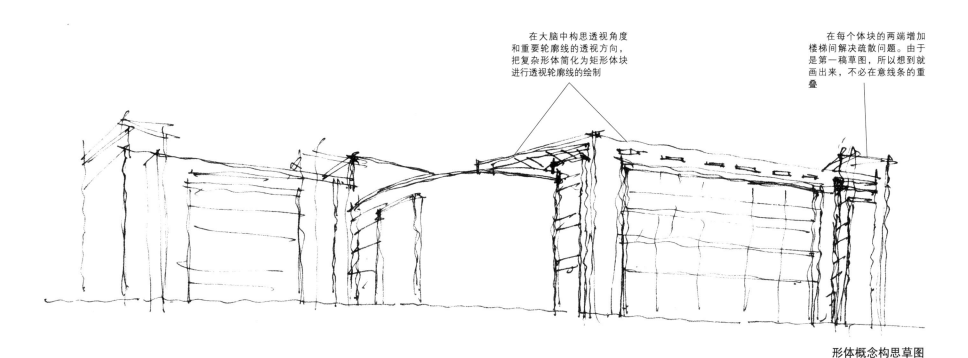

形体概念构思草图

第一稿草图
　　这是一个大学行政办公楼的设计方案。
首先根据场地条件构思建筑平面,接着直接
借助手绘草图推敲建筑形体。在根据平面画
好建筑的外轮廓线后,可以先在立面上依照
层高和柱距画出参考线再进行立面设计,这
样即使在概念构思阶段也有相对准确的尺度
可供参照,便于后期推进设计。

绘制过程:
1.根据总平面确定下来的场地画出建筑平面草图。
2.根据任务书对教室大小的要求确定开间尺寸。
3.在平面草图中安排可能影响立面效果的主入口位置及楼梯间的位置。
4.确定建筑层高并计算建筑的总高度,根据建筑体块的高宽比画出透视轮廓。
5.依照建筑层高和平面柱距画出参考线。
6.对楼梯间、主入口位置进行特殊的思考。

大学行政办公楼设计
钢笔，描图纸
设计阶段：
第二稿草图
形体构思的深化
推敲立面

用打点的方式画出各个
开间的位置，作为参照

随手画出重要部位的阴
影，便于思考构件之间的关
系

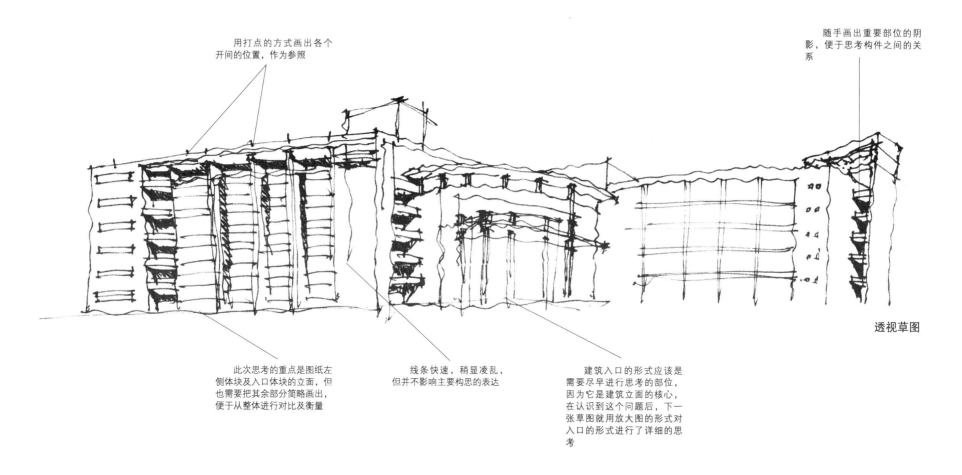

透视草图

此次思考的重点是图纸左
侧体块及入口体块的立面，但
也需要把其余部分简略画出，
便于从整体进行对比及衡量

线条快速，稍显凌乱，
但并不影响主要构思的表达

建筑入口的形式应该是
需要尽早进行思考的部位，
因为它是建筑立面的核心，
在认识到这个问题后，下一
张草图就用放大图的形式对
入口的形式进行了详细的思
考

第二稿草图
建筑的形体及其透视轮廓线确定下来后
开始进入立面的推敲。在这个阶段，结构体
系及其表现方式成为思考的重点，并通过开
窗方式的变换丰富建筑立面表现。

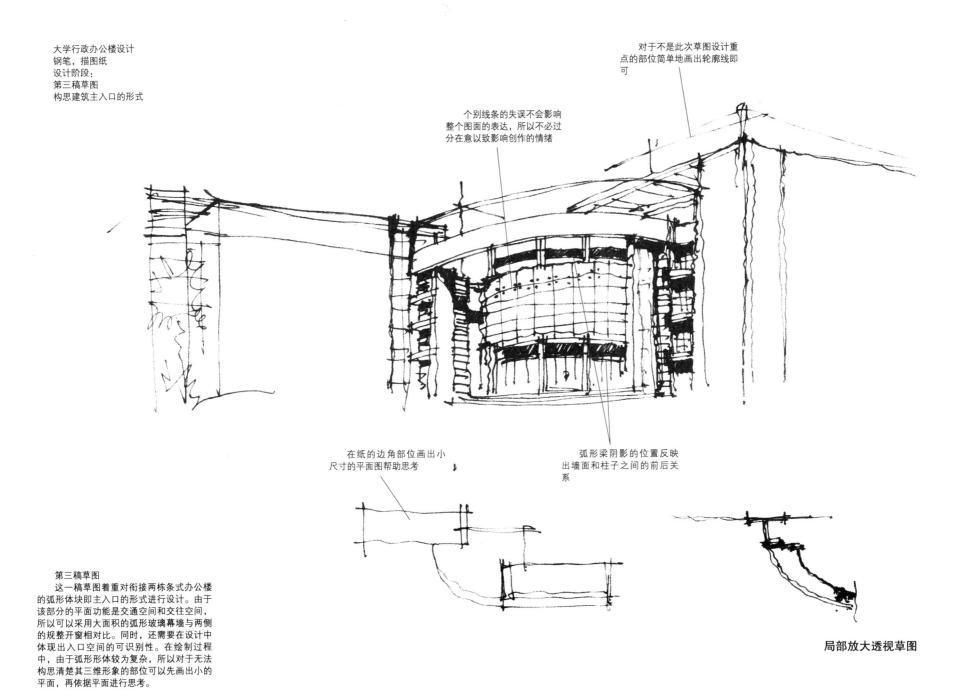

大学行政办公楼设计
钢笔，描图纸
设计阶段：
第三稿草图
构思建筑主入口的形式

对于不是此次草图设计重点的部位简单地画出轮廓线即可

个别线条的失误不会影响整个图面的表达，所以不必过分在意以致影响创作的情绪

在纸的边角部位画出小尺寸的平面图帮助思考

弧形梁阴影的位置反映出墙面和柱子之间的前后关系

第三稿草图
　　这一稿草图着重对衔接两栋条式办公楼的弧形体块即主入口的形式进行设计。由于该部分的平面功能是交通空间和交往空间，所以可以采用大面积的弧形玻璃幕墙与两侧的规整开窗相对比。同时，还需要在设计中体现出入口空间的可识别性。在绘制过程中，由于弧形形体较为复杂，所以对于无法构思清楚其三维形象的部位可以先画出小的平面，再依据平面进行思考。

**局部放大透视草图**

大学行政办公楼设计
钢笔，描图纸
设计阶段：
第四稿草图
建筑细部的深化

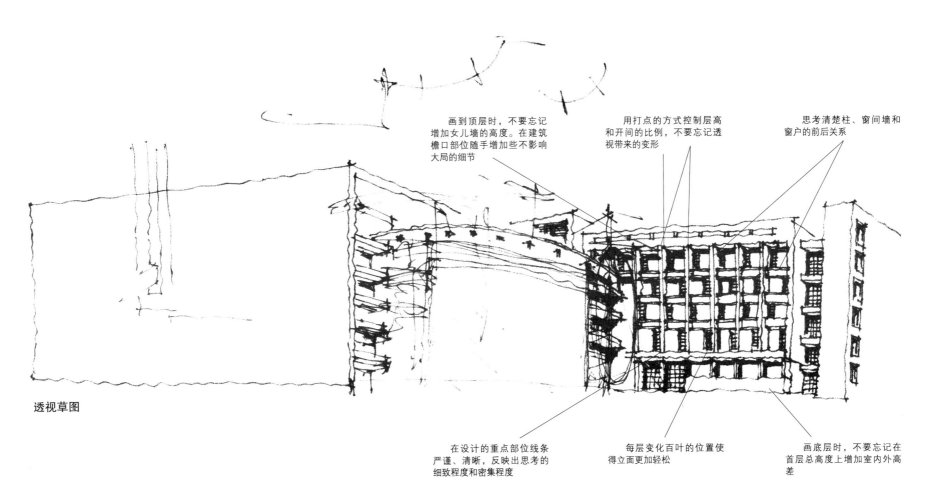

画到顶层时，不要忘记
增加女儿墙的高度。在建筑
檐口部位随手增加些不影响
大局的细节

用打点的方式控制层高
和开间的比例，不要忘记透
视带来的变形

思考清楚柱、窗间墙和
窗户的前后关系

透视草图

在设计的重点部位线条
严谨、清晰，反映出思考的
细致程度和密集程度

每层变化百叶的位置使
得立面更加轻松

画底层时，不要忘记在
首层总高度上增加室内外高
差

第四稿草图
以体块为单位分别绘制草图的优势在于
可以集中注意力思考特定的部分，而不必背
负需要全部画出完整图纸的巨大压力。这张
草图的目标仅是对右侧建筑体块的开窗方式
进行详细的思考。结合结构布置方案画清楚
梁、柱在立面上的表现。

大学行政办公室楼设计
钢笔，描图纸
设计阶段：
第五稿草图
深入思考形体交接部位

第五稿草图
　　不同类型建筑的设计方法是不同的，对于这栋办公楼而言，主要的目标是力求在功能完善的基础上进行与整体校园风格相统一的立面设计，所以可以在确定形体轮廓后逐个体块进行构思。在前几次草图中，已经分体块对重要细部的构思进行了思考，这张草图的绘制目标是设计体块交接部位。体块的交接部位往往也是设计的难点，许多建筑师画到此处均想一笔带过，这样就为后续的设计深化带来了障碍，遗留的问题终归需要解决，所以强迫自己在设计的初始阶段就着手进行深入的思考。

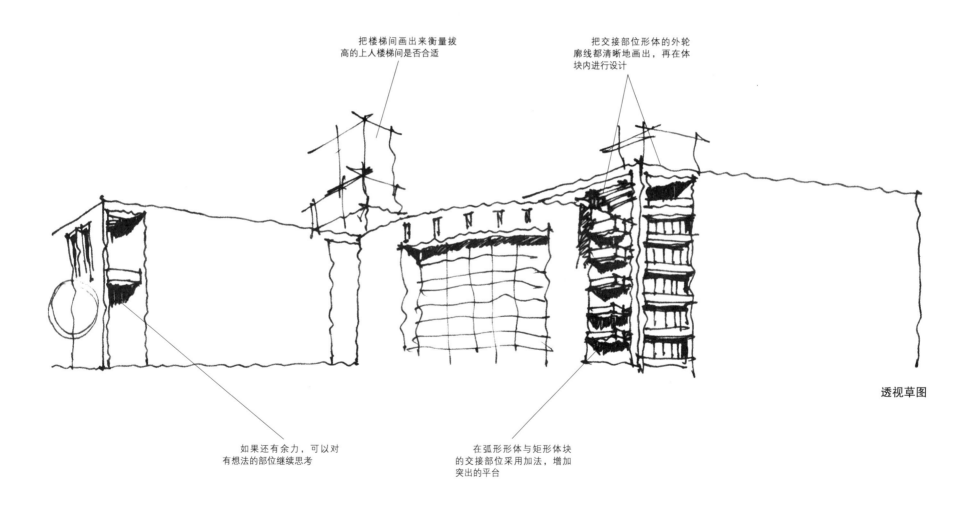

把楼梯间画出来衡量拔高的上人楼梯间是否合适

把交接部位形体的外轮廓线都清晰地画出，再在体块内进行设计

如果还有余力，可以对有想法的部位继续思考

在弧形形体与矩形体块的交接部位采用加法，增加突出的平台

透视草图

200

大学行政办公楼设计
钢笔，描图纸
设计阶段：
第六稿草图
尝试对楼梯间进行设计改进

将楼梯间拔高并进行形
式上的改变

将绘制的重点放在需要
改变的部位，其余地方用最
简单的白描形式画出即可，
也不需要添加阴影，以免使
图纸表现主次不分

尝试将入口处的弧形梁
改得更为轻盈，并向外延伸
成为巨大的雨篷，也构成了
入口处的灰空间

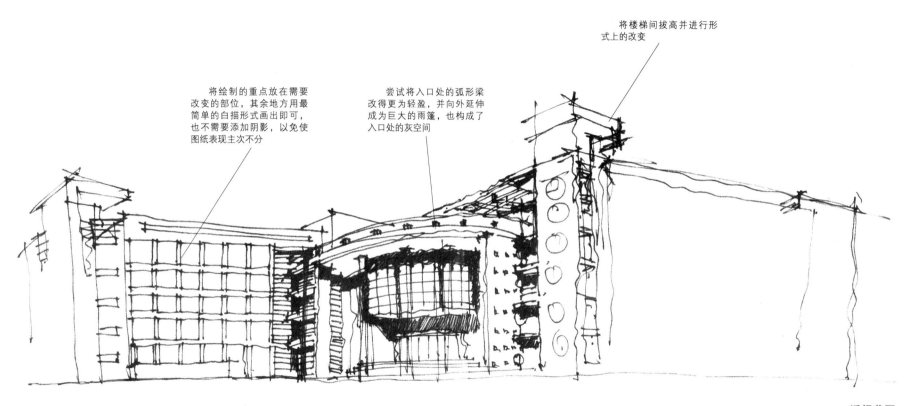

透视草图

第六稿草图
　　设计的过程总是迂回向前的，不满足现
状，不断追求更好的设计结果成为驱使建筑
师不断描画的动力。在基本的体块构思都完
成后，这一稿草图尝试将楼梯间拔高，使建
筑轮廓线的变化更加丰富。并在这张草图上
对入口部位的设计做出新的更改，与原来的
设计进行深入比较。

大学行政办公楼设计
钢笔，描图纸
设计阶段：
第七稿草图
平面构思的深化

简单地布置一下卫生间，
看是否可以满足功能要求

可以在网格纸上按比例
画出柱网，有尺度参照的设
计更加准确

按照相关规范的要求校
核疏散距离

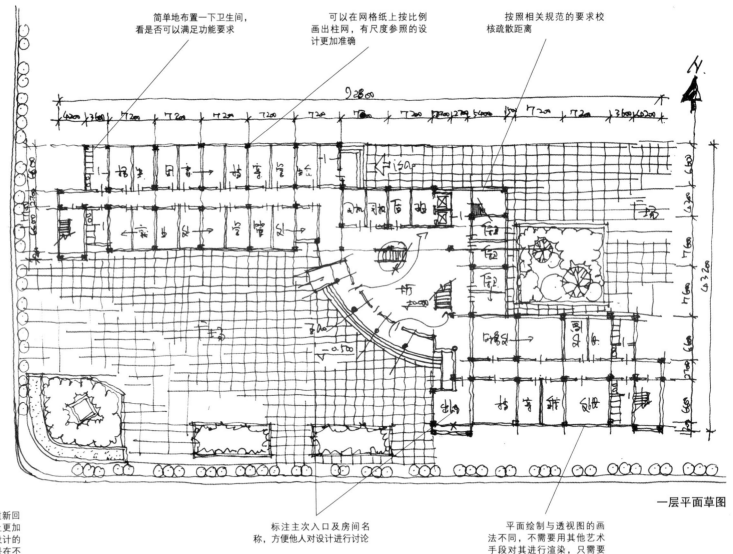

一层平面草图

标注主次入口及房间名
称，方便他人对设计进行讨论

平面绘制与透视图的画
法不同，不需要用其他艺术
手段对其进行渲染，只需要
做到表达清晰、准确即可

第七稿草图
在形体和立面构思基本完成后，重新回
到平面进行设计深化，在原来的基础上更加
精确地确定柱网并划分房间功能。在设计的
过程中，对平面、立面、剖面的设计是在不
断交错中进行的，在设计深化的过程中它们
相互参照，建筑师需要将它们相互校核，在
功能和形式的优化中进行选择。

大学行政办公楼设计
钢笔，描图纸
设计阶段：
第八稿草图
依照更改后的平面重新绘制透视图线稿

在形体较为复杂时，可以
先画出透视轮廓线，并在轮廓
线上按照柱网尺寸标出参考点

每一个形体都可以看做
是在立方体基础上的变形，
所以可以先画出矩形体块的
轮廓线，再在其基础上进行
"加"或"减"

因为本稿草图主要是依
照新确定的平面图绘制透视
图参考线稿的，所以对尺寸
的把握是绘制的重点，细节
并不在此图上画出

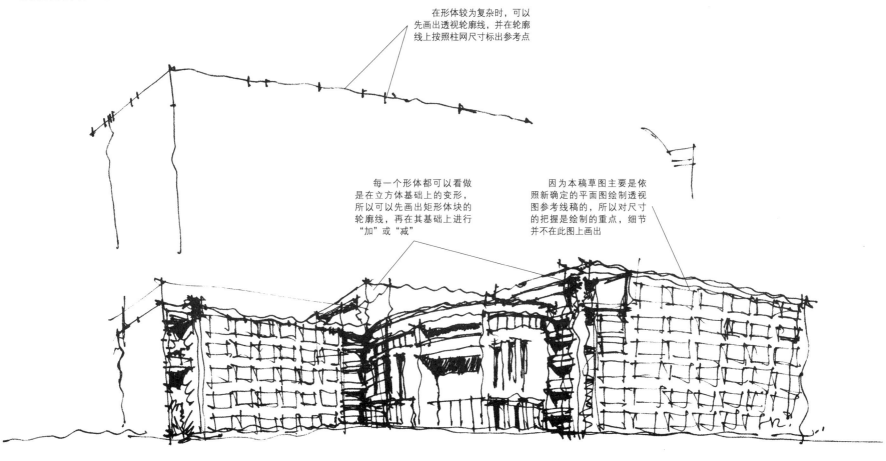

透视草图

第八稿草图
在对平面进行深入设计后，重新依照新
的尺寸绘制透视图线稿。为了绘制准确，可
以先画出透视轮廓线，并在透视轮廓线上按
照柱网标出参考点。同时，每一次草图也都
是一次尝试新的设计思路的机会，在本次草
图上就又对入口的设计进行了新的探索。

大学行政办公楼设计
钢笔，描图纸
设计阶段：
第九稿草图
透视表现图

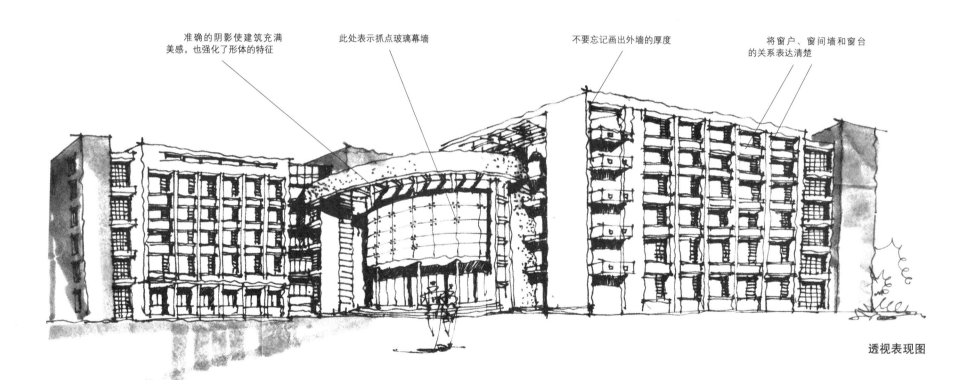

准确的阴影使建筑充满
美感，也强化了形体的特征

此处表示抓点玻璃幕墙

不要忘记画出外墙的厚度

将窗户、窗间墙和窗台
的关系表达清楚

透视表现图

第九稿草图
　　这是最终的透视表现图，提供给甲方进
行方案讨论，在多次草图后，这张草图的绘
制显得水到渠成，此时，思考的内容已经基
本结束，可以在轻松、愉快的心情下完成绘
制。

**案例11——大学学生餐厅设计**

大学学生餐厅设计
钢笔，描图纸
设计阶段：
第一稿草图
形体概念构思

该大学学生餐厅用地规整，为了使用方便，考虑将餐厅的核心功能如厨房、就餐空间等安排为方正的矩形体块，并通过多样的入口空间和竖向交通空间活跃整个建筑的形象，同时，这些交通空间也与广场空间很好地融合在一起，既很好地疏导了就餐人流又激发了广场空间的活力。

绘制过程：
1. 根据任务书对建筑总面积的要求并结合场地条件大致确定建筑的层数和平面的总尺寸。
2. 按照大致尺寸画出平面矩形框，并以此为依据分配主要功能。
3. 考虑将竖向交通空间作为建筑形体的主要设计元素，按照这样的思路组织建筑体块，并画出透视轮廓线。

先计算好建筑核心体块的长、宽、高，再依据比例画出透视轮廓线。这一稿草图的主要工作是对设计构思进行总体的衡量，所以并不添加任何细部

设计的起点往往是把设计构思整理到一个最简单的图形中。这幅草图就反映了这样一种思维特点。大部分的核心功能被整合为一个简单的立方体，只有楼梯间和通向二层的巨大台阶成为突出于立方体之外的体块

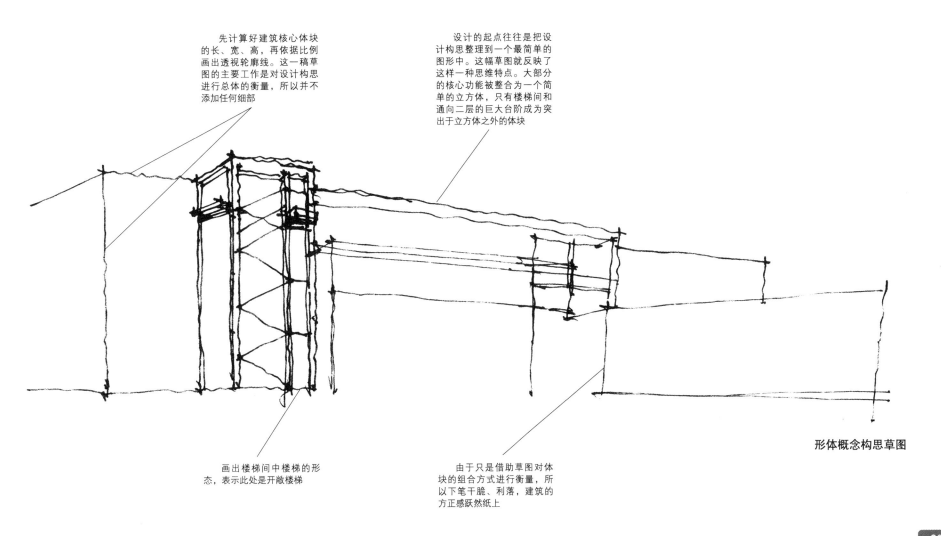

画出楼梯间中楼梯的形态，表示此处是开敞楼梯

由于只是借助草图对体块的组合方式进行衡量，所以下笔干脆、利落，建筑的方正感跃然纸上

**形体概念构思草图**

大学学生餐厅设计
钢笔，描图纸
设计阶段：
第二稿草图
立面构思

这一稿草图的绘制犹如拿着刻刀在立方体上切割、开挖，画图的过程就充满趣味

建筑设计的过程总在追求形式、结构和空间的高度协调，在概念设计的初期就要将结构体系纳入思考范畴。柱网被清晰地画在立面上，成为立面构成的重要元素。在这张草图的中间，在竖向上连续的柱子和水平排列的柱网都使建筑的韵律感更强

试图在中间体块的最后一跨做一些变化，巨大的阴影表达出形体的凹进

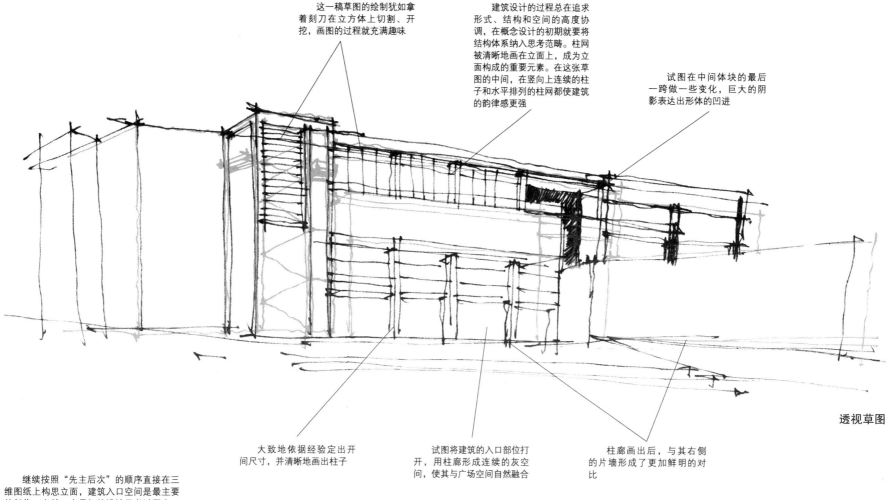

透视草图

大致地依据经验定出开间尺寸，并清晰地画出柱子

试图将建筑的入口部位打开，用柱廊形成连续的灰空间，使其与广场空间自然融合

柱廊画出后，与其右侧的片墙形成了更加鲜明的对比

继续按照"先主后次"的顺序直接在三维图纸上构思立面，建筑入口空间是最主要的部位。当然，在最初的设计思考过程中，设计构思的出现并非是完全顺序化的、有条理的和可控的，也许它们是关于建筑整体形象的想法，也许只是其中的某一个细节，不管这些构思的形式是什么，都需要尽量快速地将它们提炼为可以表达的形式画在草图纸上。

大学学生餐厅设计
钢笔，描图纸
设计阶段：
第三稿草图
方案调整

山墙面进深很大，尝试
对山墙面进行体块划分

立面上的柱子在不同的
部位穿插而出，成为立面的
主要组成部分。在这个设计
中，试图实现结构、形式和
功能的高度统一

线条有时杂乱，有时清
晰，精准地反映出思考的深
度

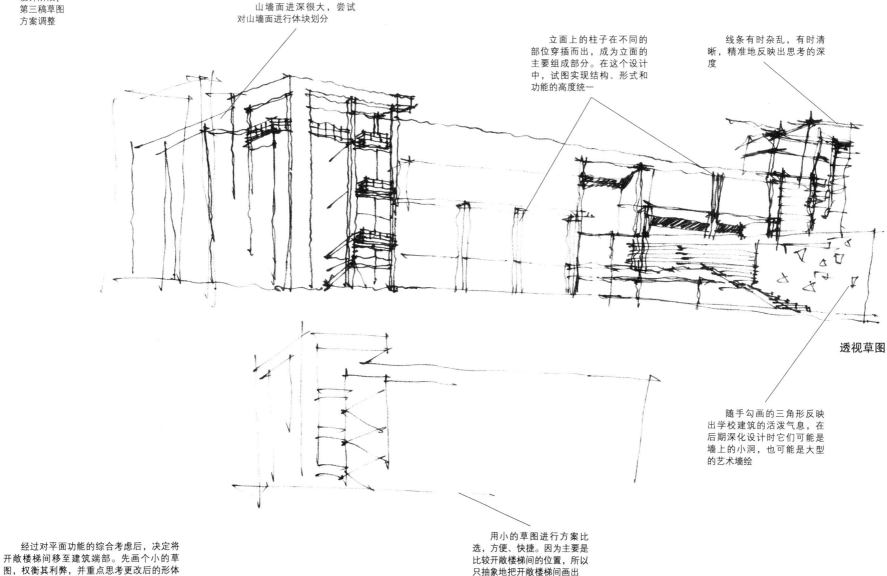

透视草图

随手勾画的三角形反映
出学校建筑的活泼气息，在
后期深化设计时它们可能是
墙上的小洞，也可能是大型
的艺术墙绘

用小的草图进行方案比
选，方便、快捷。因为主要是
比较开敞楼梯间的位置，所以
只抽象地把开敞楼梯间画出

经过对平面功能的综合考虑后，决定将
开敞楼梯间移至建筑端部。先画个小的草
图，权衡其利弊，并重点思考更改后的形体
是否符合对建筑的最初构想，确定可以继续
进行设计后，再在上一稿草图的基础上进行
调整并思考其他部位的立面形式。

大学学生餐厅设计
钢笔，描图纸
设计阶段：
第四稿草图
立面构思的深化

楼梯间的绘制异常复杂，
其实开敞楼梯间的做法有很
多种，按照最复杂、最难画
的形式把它画出体现出对画
图的热爱，这时，画图的欲
望确实是超出了对设计合理
性的追求

尝试将此部分的外墙突
出，形成体块组织的变化。
画的时候，不要忘记由于突
出的体块在该透视角度下会
遮挡上层空间，所以在图纸
上减小了顶层高度

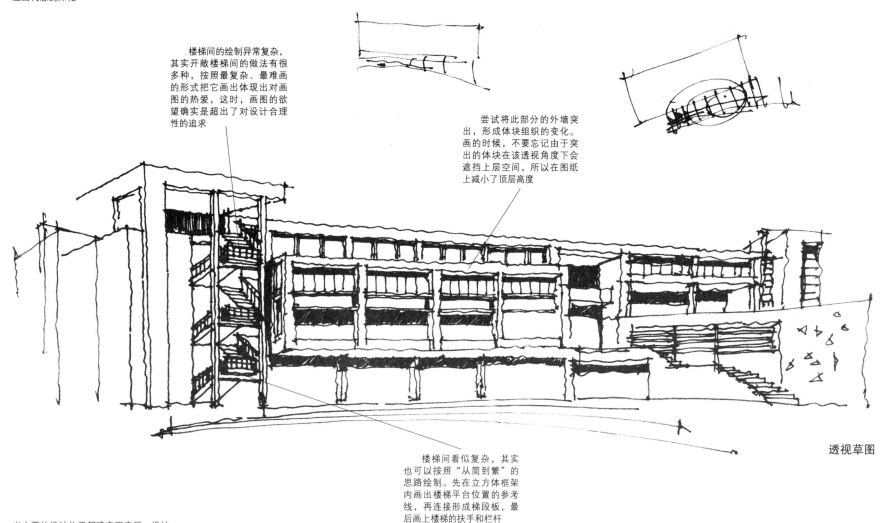

透视草图

楼梯间看似复杂，其实
也可以按照"从简到繁"的
思路绘制。先在立方体框架
内画出楼梯平台位置的参考
线，再连接形成梯段板，最
后画上楼梯的扶手和栏杆

当主要的设计构思都确定下来后，设计
的进程即离开天马行空的创作期进入到了严
谨、细致的工作进程中。为了尽快地推进设
计进程，需要不断地思考原来被忽略或因为
畏难情绪而放弃的部位，并把它们认真地表
达出来。

大学学生餐厅设计
钢笔，描图纸
设计阶段：
第五稿草图
透视草图

将三、四层的立面进行
整合和简化，仅仅将梁、柱
框架强调出来，用方格网表
达窗户的分隔

在墙上挖洞不要忘记画
出洞口的顶面和侧面，突出
表现墙体的厚度

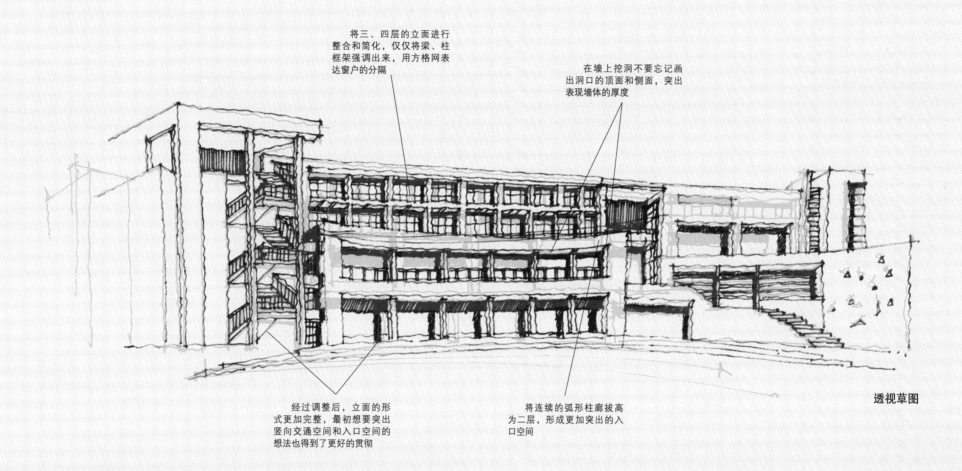

透视草图

经过调整后，立面的形
式更加完整，最初想要突出
竖向交通空间和入口空间的
想法也得到了更好的贯彻

将连续的弧形柱廊拔高
为二层，形成更加突出的入
口空间

在上一张草图完成后发现由于对细部的
想法过多，导致建筑立面的整体性不佳，偏
离了最初的设计构思，所以用整合的思路对
立面进行整理并详细地画出。

大学学生餐厅设计
钢笔，描图纸
设计阶段：
第六稿草图
深化平面

按照厨房的流线布置厨房的内部空间

柱网是平面设计的依据，一定要先画出

在进行平面设计的初期就应该考虑柱网。柱子不仅仅是结构要素，它们也会影响到建筑外立面的形式以及内部空间的组织，因此尽早考虑，并把它们尽早布置在平面上，可以使得建筑方案更加趋于理性，也可以尽早与结构设计师进行交流

交错进行立面和平面的构思，这样便于从多角度激发灵感并对设计思路进行修正。先画出小的草稿安排功能分区，再确定柱网大小，最后详细地划分平面。在这个过程中，当画到端部的楼梯间时发现有必要将该楼梯间扩大以便与连续的柱廊空间很好地衔接，临时决定将此处改为圆形，这也将为建筑形态带来新的变化。

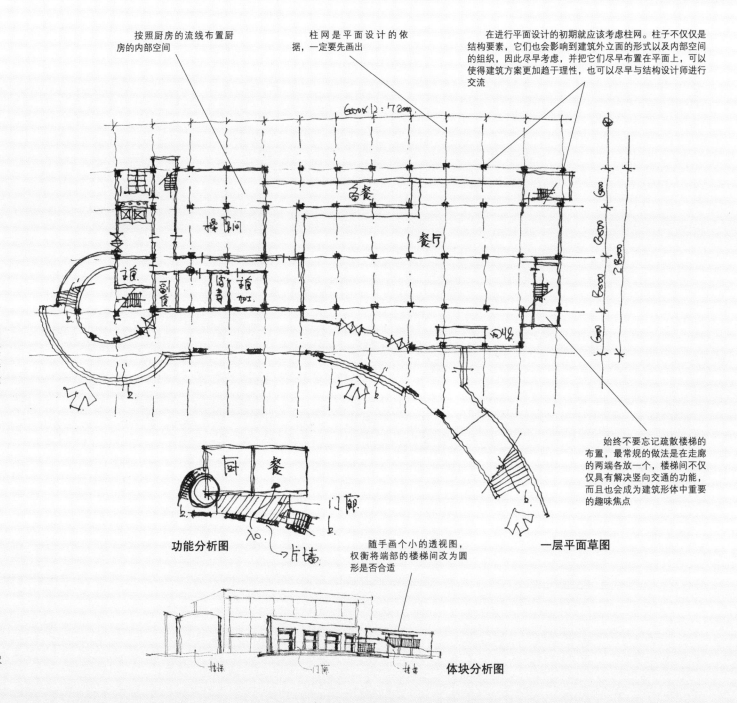

始终不要忘记疏散楼梯的布置，最常规的做法是在走廊的两端各放一个，楼梯间不仅仅具有解决竖向交通的功能，而且也会成为建筑形体中重要的趣味焦点

功能分析图

随手画个小的透视图，权衡将端部的楼梯间改为圆形是否合适

一层平面草图

绘制过程：
1. 画功能分区图。
2. 将透明拷贝纸覆盖在网格坐标纸上，按照1:200的比例先用点画线画出柱网。
3. 按照各个房间的面积画出内、外墙，并预留门洞位置。
4. 完善楼梯间、卫生间等细节，标注尺寸。

体块分析图

大学学生餐厅设计
钢笔，描图纸
设计阶段：
第七稿草图
透视表现图

在对建筑的平面进行深化和更改后，将新的想法表达在最终的透视图纸上。在画这张图时，有意地将处于画面背景的三、四层立面处理得更加完整，而将突出于建筑前方的竖向楼梯间、入口柱廊以及室外楼梯处理得体块感更强，建筑立面的重点更加突出，因此也更加完整有序。

楼梯间的公共空间改为弧形后，用更完整的手法处理该楼梯间

画出形态饱满的弧线，它成为了非常活跃的设计元素

将处于画面背景位置的三、四层立面简单地画出

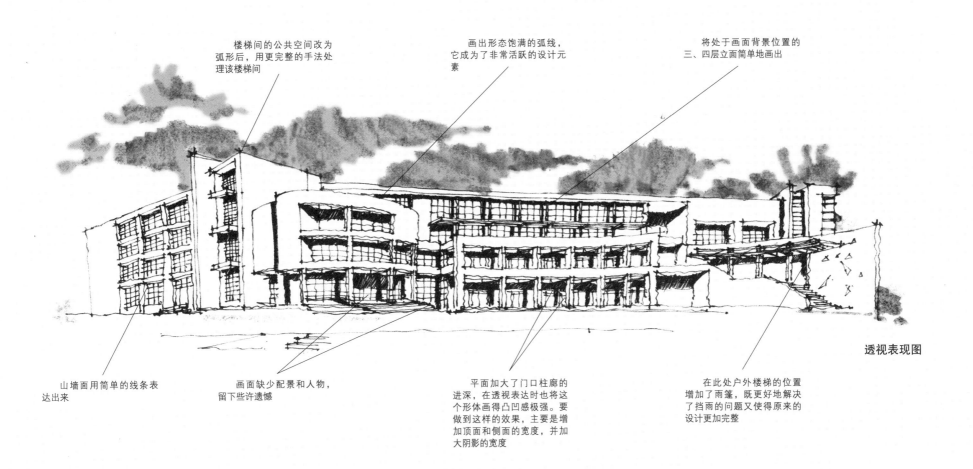

透视表现图

山墙面用简单的线条表达出来

画面缺少配景和人物，留下些许遗憾

平面加大了门口柱廊的进深，在透视表达时也将这个形体画得凹凸感极强。要做到这样的效果，主要是增加顶面和侧面的宽度，并加大阴影的宽度

在此处户外楼梯的位置增加了雨篷，既更好地解决了挡雨的问题又使得原来的设计更加完整

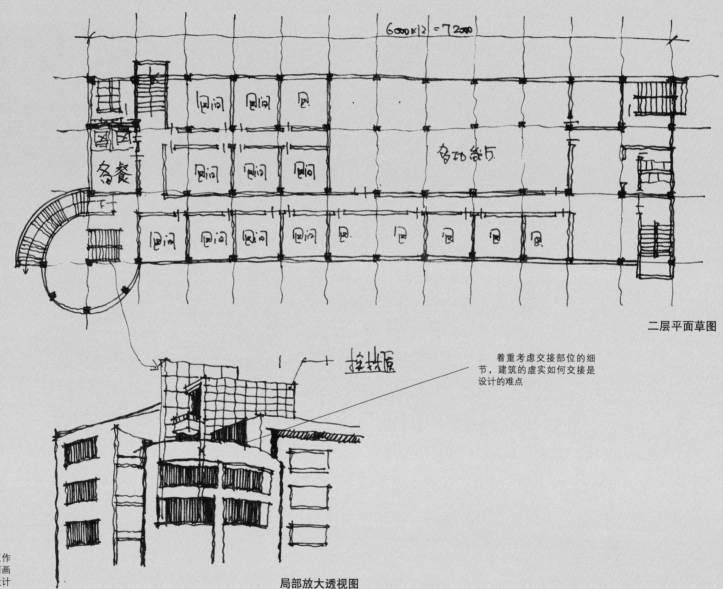

大学学生餐厅设计
钢笔，描图纸
设计阶段：
第八稿草图
深化二层平面和立面细节

$6000×12 = 72000$

各餐

多功能厅

二层平面草图

接拼原

着重考虑交接部位的细
节，建筑的虚实如何交接是
设计的难点

局部放大透视图

在画完最终稿草图时，方案的设计工作
已经接近尾声，继续再接再厉将二层平面画
出，以免出现因功能考虑不完善而导致设计
变更。最后用放大的草图将透视图中无法表
达清楚的细节画出来，对细部的做法进行细
致的思考。

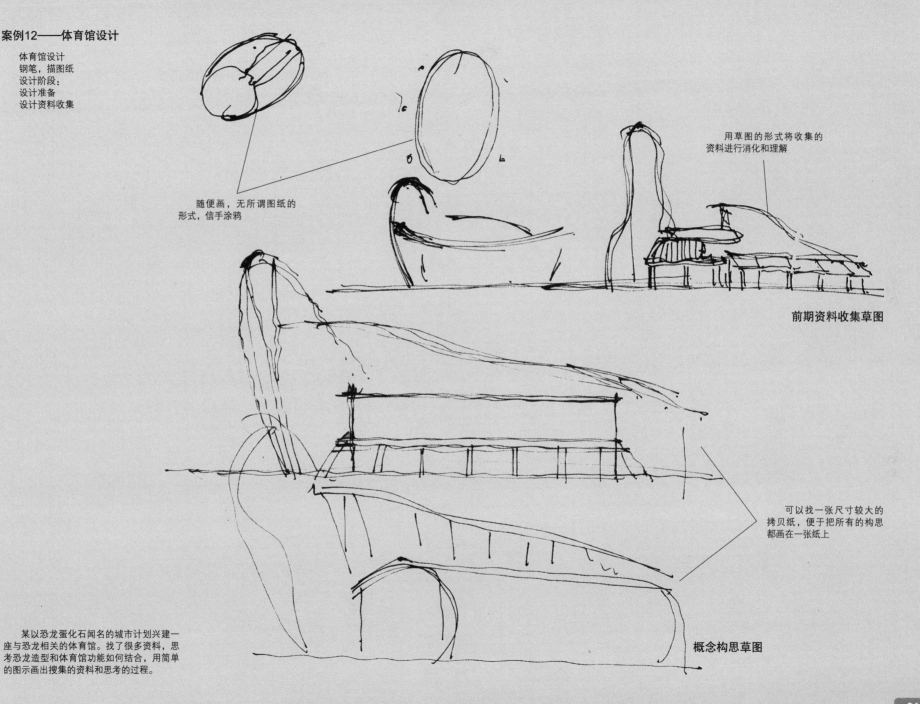

## 案例12——体育馆设计

体育馆设计
钢笔，描图纸
设计阶段：
设计准备：
设计资料收集

随便画，无所谓图纸的
形式，信手涂鸦

用草图的形式将收集的
资料进行消化和理解

前期资料收集草图

可以找一张尺寸较大的
拷贝纸，便于把所有的构思
都画在一张纸上

概念构思草图

某以恐龙蛋化石闻名的城市计划兴建一
座与恐龙相关的体育馆。找了很多资料，思
考恐龙造型和体育馆功能如何结合，用简单
的图示画出搜集的资料和思考的过程。

体育馆设计
钢笔，描图纸
设计阶段：
第一稿草图
立面形态概念构思

模仿恐龙形态的体育馆形体非常复杂，经过深入思考，决定先用立面草图的方式画出建筑形态。首先需要创造前部"昂首"后部"弓背"的总体意向，结合体育馆的功能和它们对空间的要求，将体育馆的辅助空间和场馆空间分别置于建筑的"前""后"，其次，通过对建筑构件的处理来对"恐龙"的形象进行抽象的模拟。

清晰地刻画立面上的柱子，思考如何将结构体系与建筑立面表达有机结合

立面表现图相较于透视草图而言简单许多，绘制的工作量也小很多，但是容易留下思维的死角

增加竖向的构件，模拟恐龙的骨骼感，但是它们如何与建筑体块相衔接并没有思考得很清晰，这也是立面表达的局限性

把最初浮现于脑海中的建筑雏形转化为符合建筑形式美规律和建筑语言构成规律的设计方案是最艰难的时刻。由于这个建筑体型复杂，所以放弃了用三维透视图深化设计的路径而改为先构思立面，再将其转化为三维图形

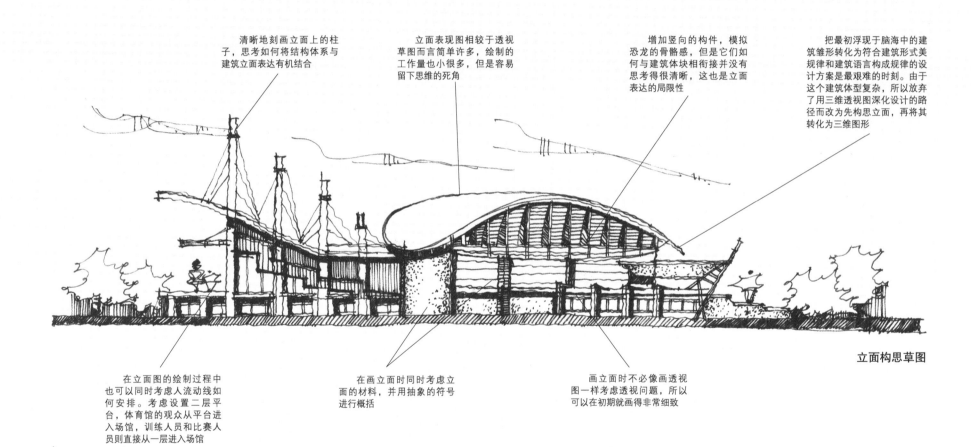

立面构思草图

在立面图的绘制过程中也可以同时考虑人流动线如何安排。考虑设置二层平台，体育馆的观众从平台进入场馆，训练人员和比赛人员则直接从一层进入场馆

在画立面时同时考虑立面的材料，并用抽象的符号进行概括

画立面时不必像画透视图一样考虑透视问题，所以可以在初期就画得非常细致

体育馆设计
钢笔，描图纸
设计阶段：
第二稿草图
建筑形态构思

虽然立面构思已经基本完成，但是对于这类体型的建筑而言，将二维的立面转换为三维的透视图的工作量仍然是巨大的。首先需要思考重要设计元素的三维形态及其与其他体块的交接关系，在脑中建立立体的模型，其次，需要借助画法几何知识将它们的三维透视线绘制出来。

在画图的过程中灵感闪现，将立面上的钢柱升华为梯形的巨大钢构件，梯形向上收缩的形态强化了建筑的挺拔感，它们拉起了巨大的曲面屋顶，也表达了建筑的力度

画出钢构件的凹槽，表示材料特征

重要的部位即能够表示出结构支撑关系的构件都画得非常粗大，表达出大跨度建筑的结构特征

画出饱满的圆弧线条，仿佛是"恐龙"的庞大身躯

这个方案形体特殊，透视关系复杂，即使对一个成熟的建筑师而言也意味着巨大的工作量和难度。但是，紧张的心情在深化构思阶段能够使建筑师保持兴奋感和思考的强度，所以先在脑中详细勾画，再树立信心坚持画下去

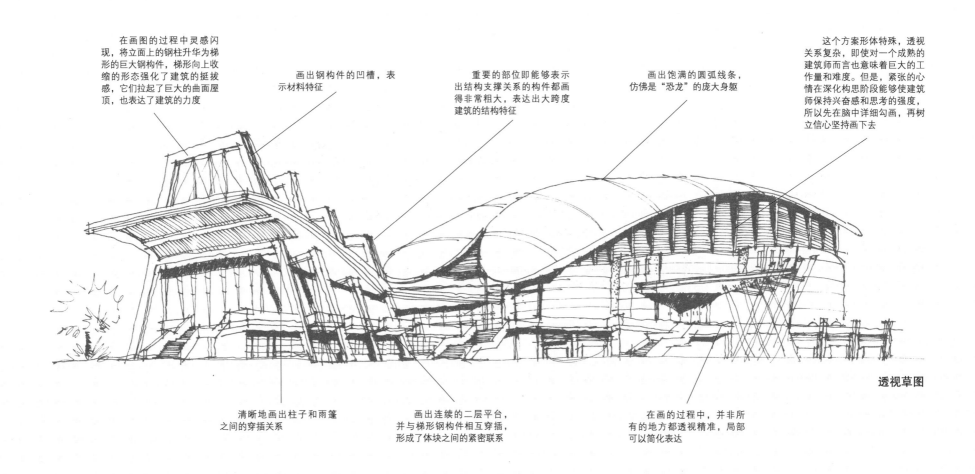

清晰地画出柱子和雨篷之间的穿插关系

画出连续的二层平台，并与梯形钢构件相互穿插，形成了体块之间的紧密联系

在画的过程中，并非所有的地方都透视精准，局部可以简化表达

**透视草图**

体育馆设计
钢笔，描图纸
设计阶段：
第三稿草图
透视表现图

对于这样的体型复杂的建筑，运用电脑效果图进行表现的周期也较长，经过权衡后还是决定在已经画好的透视底稿基础上继续深化和完善，并借助绘制终稿表现图的过程继续思考设计的细节。如果说在前两次草图的绘制过程中还需要创作的热情和激情对设计进行引导，那么这一稿草图的绘制则需要严谨和艰苦的思考，所以不必强求在一个集中时间段内一次完成。

雄浑有力又不缺乏细节，表达了"大象无形，大音希声"的设计思想

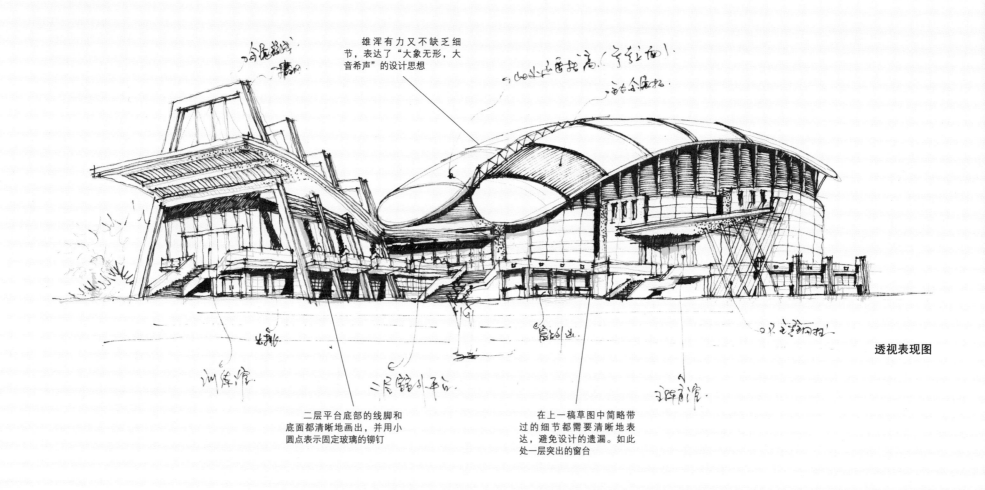

**透视表现图**

二层平台底部的线脚和底面都清晰地画出，并用小圆点表示固定玻璃的铆钉

在上一稿草图中简略带过的细节都需要清晰地表达，避免设计的遗漏。如此处一层突出的窗台

**案例13——会展中心设计**

会展中心设计
钢笔，描图纸
设计阶段：
第一稿草图
概念构思

这是最初大脑中构思的
建筑雏形，图纸的深度即表
达了思考的深度，因为还在
自由探索阶段，所以不必强
求，自由记录，有多少画多少

线条流畅，不拖泥带水

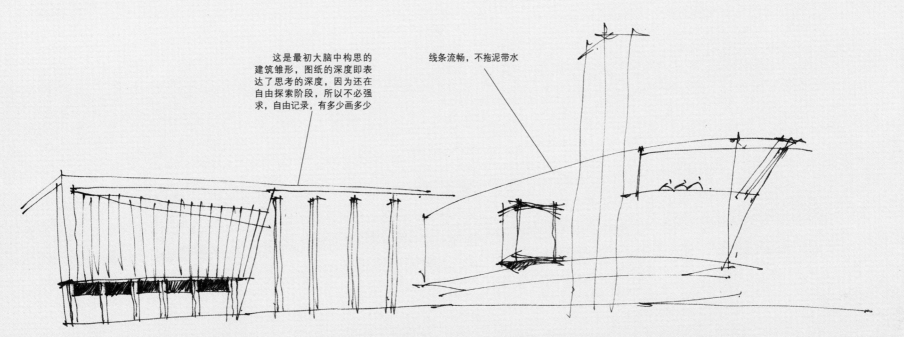

概念构思草图

第一稿草图

对于会展中心而言，其功能流线并不复
杂，这就为建筑的立面设计带来了很大的自
由度。这一稿草图是对大脑中构思的建筑雏
形的描摹，表现了舒展的建筑形态和高大的
入口空间。

会展中心设计
钢笔，描图纸
设计阶段：
第二稿草图
概念构思的深化

第二稿草图
　　由于体态巨大，所以设计的难度也加大。这一稿草图反映出深入思考时设计思绪的杂乱状态。首先结合平面尺寸对上一稿草图的透视轮廓线进行调整。其次，本着先主后次的顺序，先构思入口空间，并尝试在思考的过程中找到设计的内在秩序。

屋顶和立面如何交接是
设计的难点，线条行走至此
明显乱了方寸

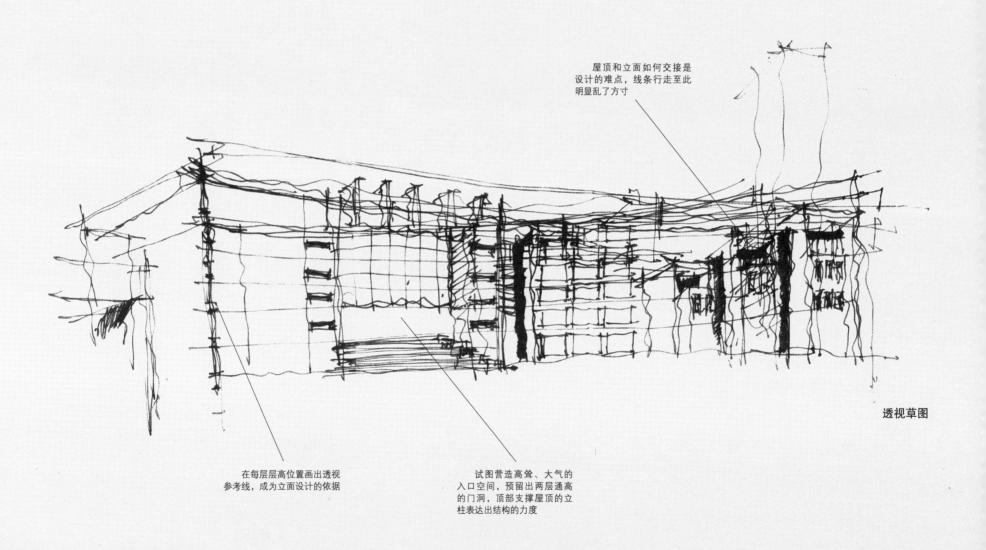

透视草图

在每层层高位置画出透视
参考线，成为立面设计的依据

试图营造高耸、大气的
入口空间，预留出两层通高
的门洞，顶部支撑屋顶的立
柱表达出结构的力度

会展中心设计
钢笔，描图纸
设计阶段：
第三稿草图
立面设计

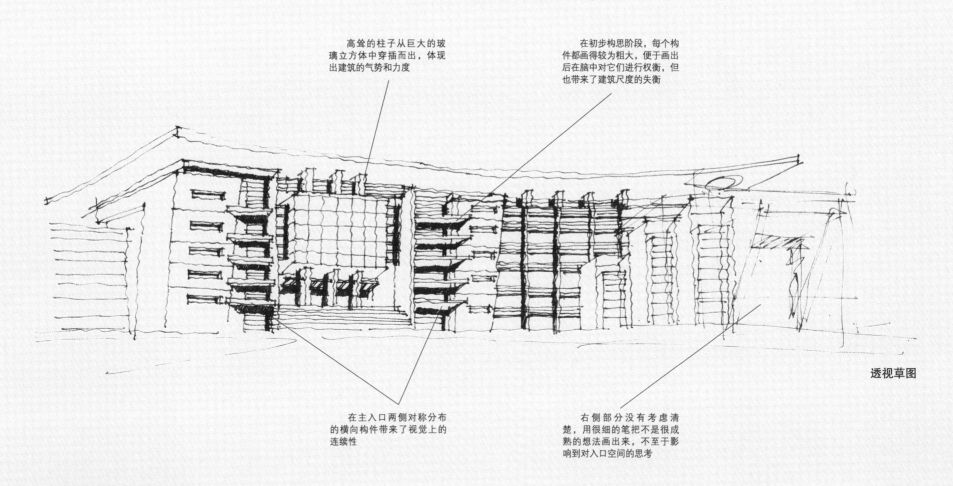

高耸的柱子从巨大的玻璃立方体中穿插而出，体现出建筑的气势和力度

在初步构思阶段，每个构件都画得较为粗大，便于画出后在脑中对它们进行权衡，但也带来了建筑尺度的失衡

透视草图

在主入口两侧对称分布的横向构件带来了视觉上的连续性

右侧部分没有考虑清楚，用很细的笔把不是很成熟的想法画出来，不至于影响到对入口空间的思考

第三稿草图
　　从初步完成的主入口构思开始寻找立面设计的秩序。为了在较长的立面中突出主入口空间，考虑采用对称的处理手法。详细地把这一构思画出，对其可行性进行考量。

会展中心设计
钢笔，描图纸
设计阶段：
第四稿草图
重新构思新的方案

这是新方案的第一张杂乱
的线稿，由于有前面方案作为
基础，所以将调整透视轮廓
线、体块划分及立面设计的内
容都集中在这一张草图上表达

在透视轮廓线框内画出
每个展厅巨大的侧墙，这个
体块就跃然纸上了

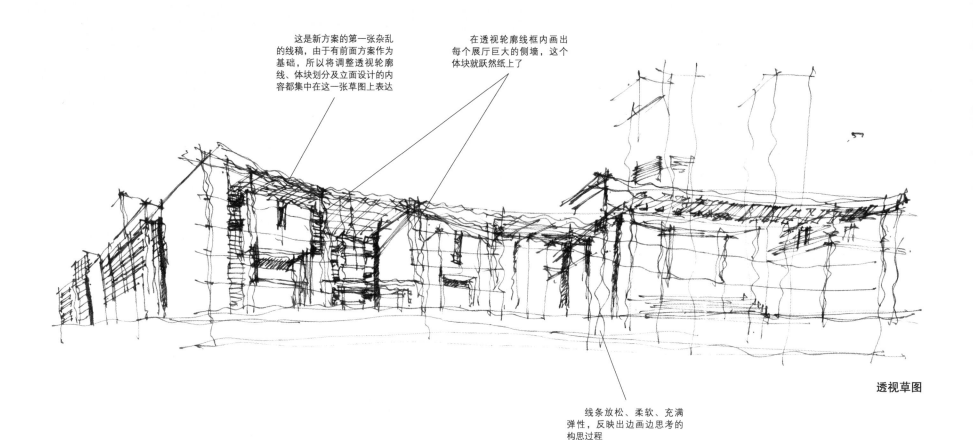

透视草图

线条放松、柔软、充满
弹性，反映出边画边思考的
构思过程

第四稿草图
　　完成上一张草图后，感觉效果并不理
想，主要是巨大的建筑构件打破了建筑的正
常尺度。这一稿草图试图打破原来的构思，
重新设计新的方案。考虑以展馆为单位对建
筑体块进行分隔，这样可以形成重复的建筑
母题。

会展中心设计
钢笔，描图纸
设计阶段：
第五稿草图
第二方案立面构思

两个体块画出了不同的
立面设计构思进行比较。不
拘一格的画图方法，以对设
计有利为导则

由于是第一次对新方案
的立面进行探索，所以很多
尝试性的想法只画出了类似
于立面表达的二维线条，待
构思确定后再进行完善

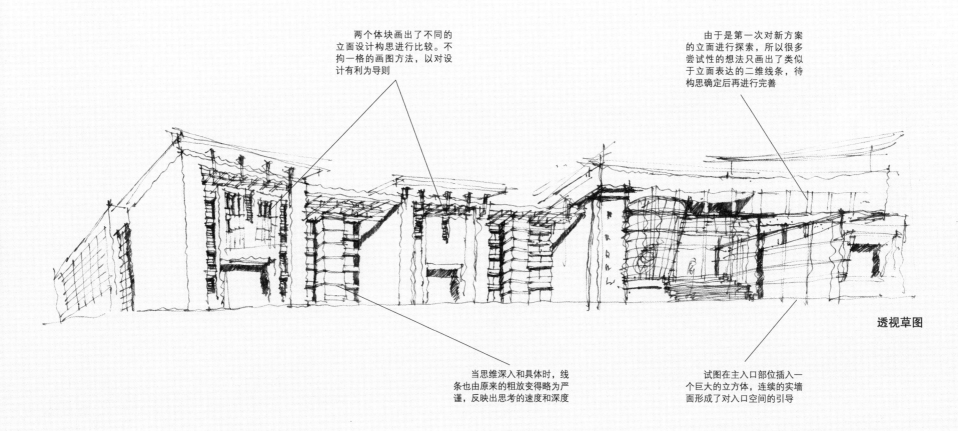

透视草图

当思维深入和具体时，线
条也由原来的粗放变得略为严
谨，反映出思考的速度和深度

试图在主入口部位插入一
个巨大的立方体，连续的实墙
面形成了对入口空间的引导

第五稿草图
　　按照已经确定下来的构思进行立面设
计。首先思考在整体层面上的调整，尝试将
每个展厅的体块拔高，在檐口部位即与建筑
整体断开。其次按照从左到右的顺序以体块
为单位逐个进行立面构思。每个展厅的入
口、檐口和屋顶的交接方式以及整个会展中
心的入口都是构思的重点。

会展中心设计
钢笔，描图纸
设计阶段：
第六稿草图
局部细节修改

考虑将会展体块改为向
外突出的弧形体块，直接在
将直线的外轮廓线改为弧线
就完成转换了

将檐口部分的短柱和屋
面板的支撑关系着重描画清
晰

入口部分做了较大的更
改，决定采用和会展体块一
致的设计形式，只是增加了
穿插而出的矩形体块对入口
空间进行引导

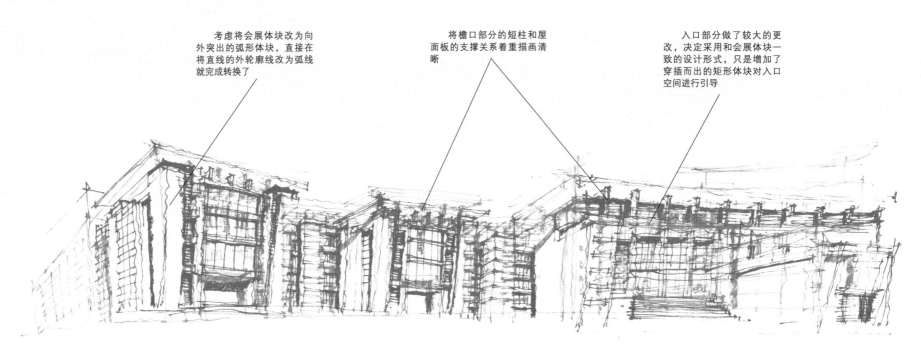

透视草图

第六稿草图
　　第六稿草图是在第五稿草图的基础上对
重要的细节进行修改，当设计进入到了这一
阶段，手绘草图的巨大优势就体现出来了。
将透明草图纸覆盖在上一稿草图上，选择需
要修改的部位进行绘制，其余无需更改的部
位可以保持不动，就这样的一幅图纸就完全
可以胜任方案讨论的需要了。

## 案例14——五星级宾馆设计

五星级宾馆设计
钢笔，描图纸
设计阶段：
第一稿草图
概念构思

这是一栋功能复杂的五星级宾馆的设计。首先依据场地条件对平面进行粗略的构思，并布置柱网，以便在形体设计时可以作为参照。其次，选好视角，按照平面的尺寸及建筑高度画出建筑的外轮廓线，并开始进行立面设计。

由于在画前就确定要再另起一稿进行立面设计，所以可以随手画些试探性的线条以探索立面设计的思路

此稿线框图主要是准确地画出透视轮廓线，只需完成这个目标就可以进入下一步的工作

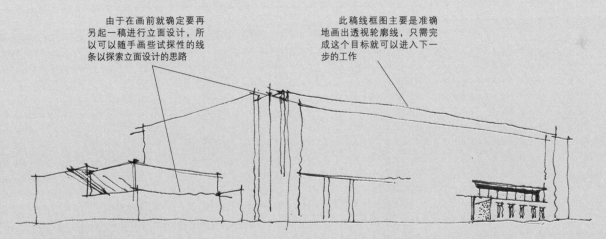

**形体概念构思草图**

对立面进行粗略的划分，将窗户用矩形线框表达，将一二层空间单独设计

用上一稿草图与甲方沟通后，甲方临时要求增加一个独立的会议功能，所以此稿草图增加了一个独立的体块

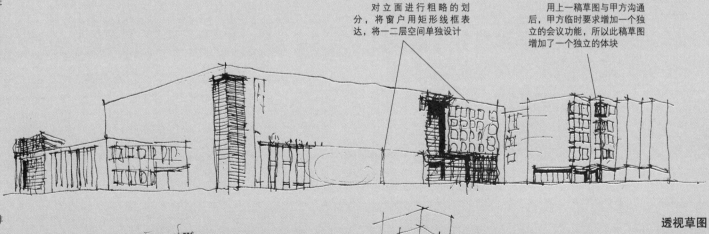

**透视草图**

绘制过程：
　1.构思平面轮廓，并安排功能分区并排布柱网。
　2.在平面图上选好站点的位置，并扭转平面图选定视角。
　3.计算层数及建筑的总高度，按照透视原理画出透视轮廓线。
　4.将对立面的构思简单地表达在图纸上，考虑整个立面以有规律的开窗为主，客房窗户形成完整的肌理，并在局部适当变化。
　5.将建筑角部重点画出，考虑在角部做适当的变化。

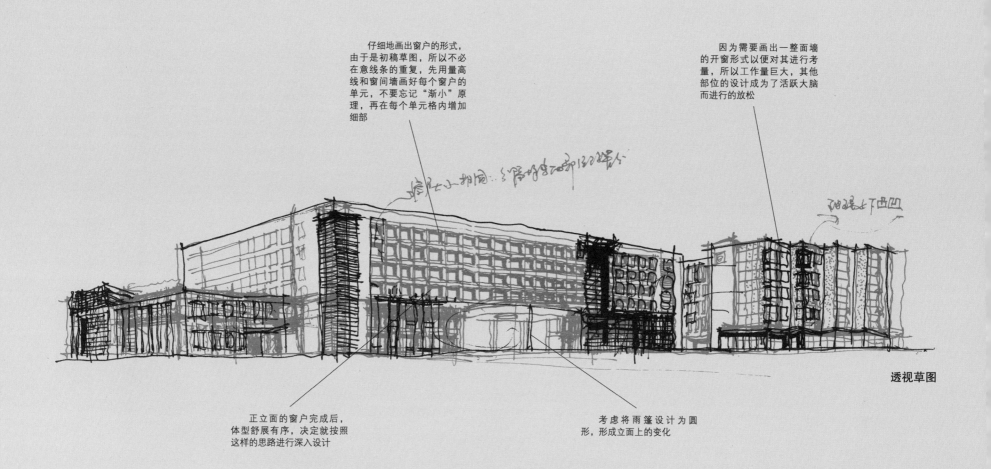

仔细地画出窗户的形式，
由于是初稿草图，所以不必
在意线条的重复，先用量高
线和窗间墙画好每个窗户的
单元，不要忘记"渐小"原
理，再在每个单元格内增加
细部

因为需要画出一整面墙
的开窗形式以便对其进行考
量，所以工作量巨大，其他
部位的设计成为了活跃大脑
而进行的放松

透视草图

正立面的窗户完成后，
体型舒展有序，决定就按照
这样的思路进行深入设计

考虑将雨篷设计为圆
形，形成立面上的变化

五星级宾馆设计
钢笔，描图纸
设计阶段：
第二稿草图
立面构思

　　由于开窗形式被作为设计的重点，所以这
一稿草图就将正立面的窗户形式详细地画出，
以权衡建筑的整体效果。决定开窗形式的因素
很多，包括建筑的开间尺寸、梁、柱、窗台、
窗间墙的关系，视野要求、窗户的开启方式
等，所以需要对这些因素思考清楚后再进行勾
画。由于上一稿草图已经确定了透视轮廓线，
可以直接将透明草图覆在其上绘制。

绘制过程：
1. 描绘已经确定的透视轮廓线。
2. 根据平面的开间尺寸和数量，再依照透视原理在透视线框上画出参考点进行划分。
3. 同样，在竖向量高线上依据层数和层高画出参考点。
4. 开始绘制立面的窗户。可以先画出连续的横向层高分隔线，再用两道线画出竖向的窗间墙，把窗间
墙的序列全部画出，再在每一个窗洞内画出窗户的顶面和侧面，由于该窗户的形式设计较为特殊，所以把
能够看到的窗户内侧的底面也画出来。
5. 画出雨篷、转角、商户部分的立面构思。
6. 进行统一思考与调整。

五星级宾馆设计
钢笔，描图纸
设计阶段：
第三稿草图
透视表现

尝试性地画出窗户的玻璃分隔线，但发现会影响窗户形式的表达及整个画面的黑白灰关系，所以放弃

窗户线条较多，在距离视点较近的部位可以尽量画得详细，在远离视点的位置，可以略微简化，这样也可以使画面重点突出

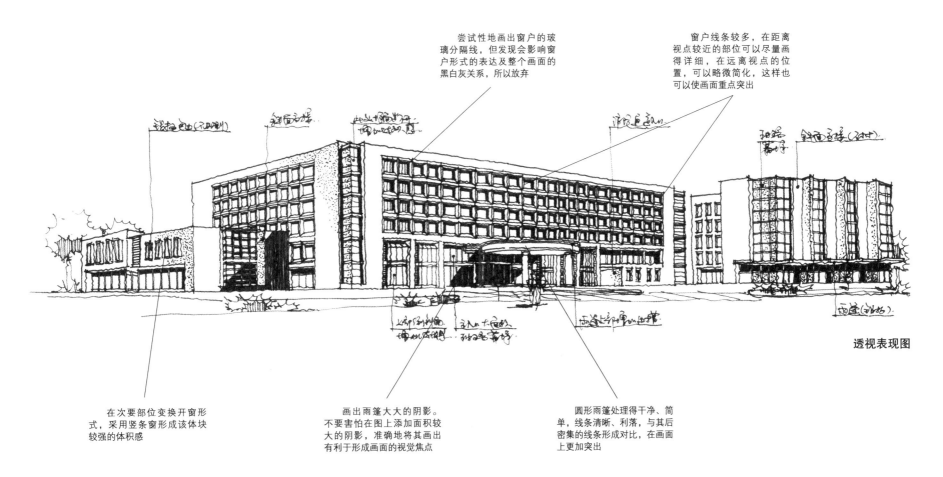

透视表现图

在次要部位变换开窗形式，采用竖条窗形成该体块较强的体积感

画出雨篷大大的阴影。不要害怕在图上添加面积较大的阴影，准确地将其画出有利于形成画面的视觉焦点

圆形雨篷处理得干净、简单，线条清晰、利落，与其后密集的线条形成对比，在画面上更加突出

由于形体相对简单但画图的工作量巨大，在确定了立面设计构思后决定直接进入完整的透视图表现。由于在上一稿草图中，附属部分的立面设计构思并没有完全确定下来，所以可以先在小幅图纸上单独把附属部分构思清楚后再直接进入完整图纸的绘制。

用虚线表示用地红线

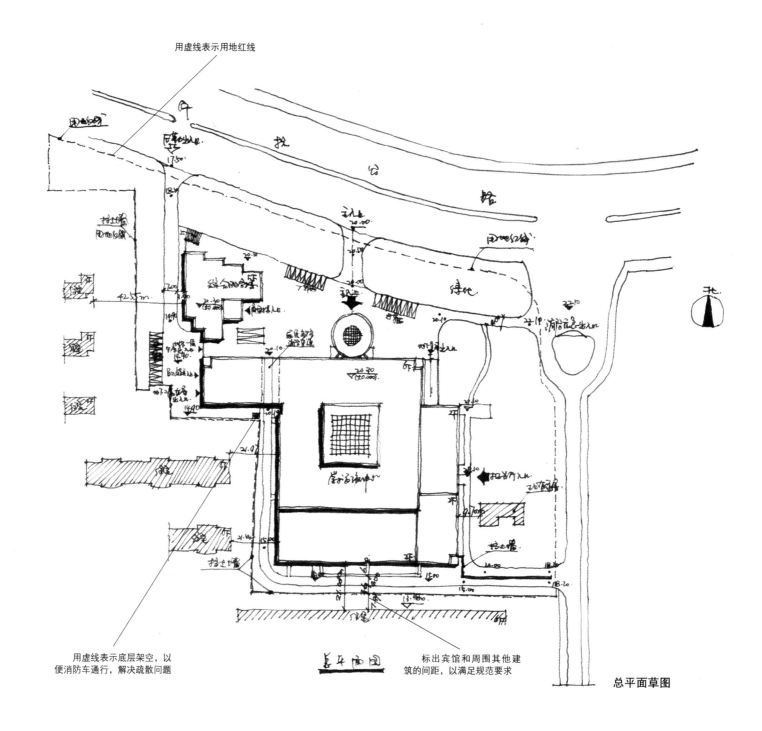

用虚线表示底层架空，以
便消防车通行，解决疏散问题

标出宾馆和周围其他建
筑的间距，以满足规范要求

**总平面草图**

五星级宾馆设计
钢笔，描图纸
设计阶段：
第四稿草图
平面图纸的绘制

按照建筑制图规范的要
求标注轴线和轴号位置

酒店的辅助用房多，每
一个辅助房间的位置和布局
都会影响功能和流线，所以
需要详细画出

结合前期绘制的平面构思草图，准确计
算各个部分的面积后，画出柱网，再进行房
间的分隔。可以先画出单线条的墙体，在确
定准确无误后再将其改为双线墙体。由于这
一稿草图是用来与甲方及其他相关专业进行
沟通的，所以重要的细节都要详细考虑，如
竖向交通的布置方式、重要房间门的开启位
置、辅助房间的布局等。最后，还需要对功
能流线进行系统梳理。

该建筑室内外高差较大，标
出高差并画清楚高差解决方式

简单地画出家具布置

一层平面草图

五星级宾馆设计
钢笔，描图纸
设计阶段：
第四稿草图
平面图纸的绘制

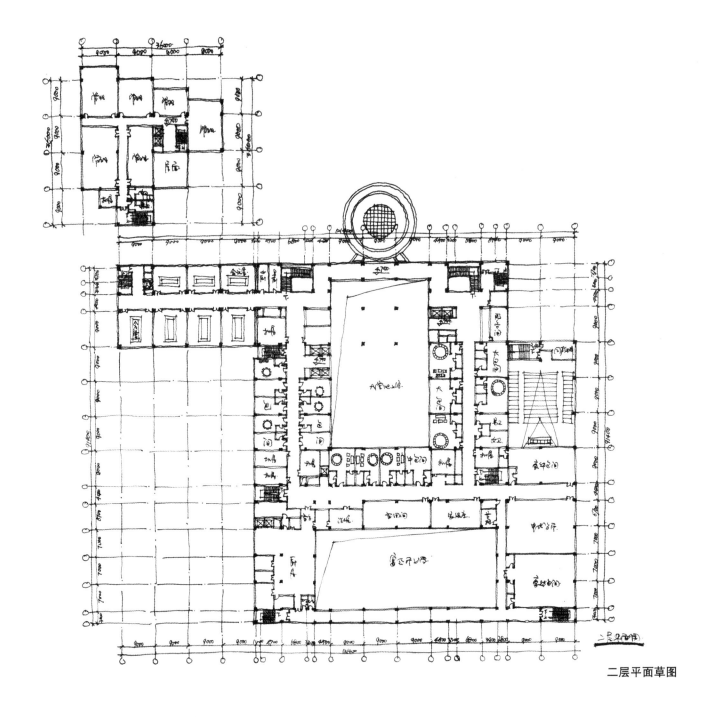

二层平面草图

五星级宾馆设计
钢笔，描图纸
设计阶段：
第四稿草图
平面图纸的绘制

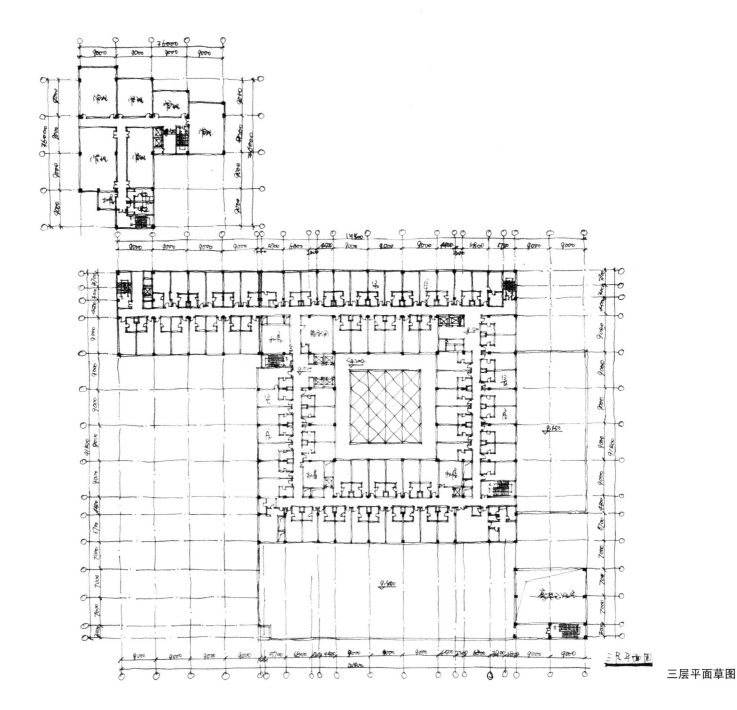

三层平面草图

五星级宾馆设计
钢笔，描图纸
设计阶段：
第四稿草图
平面图纸的绘制

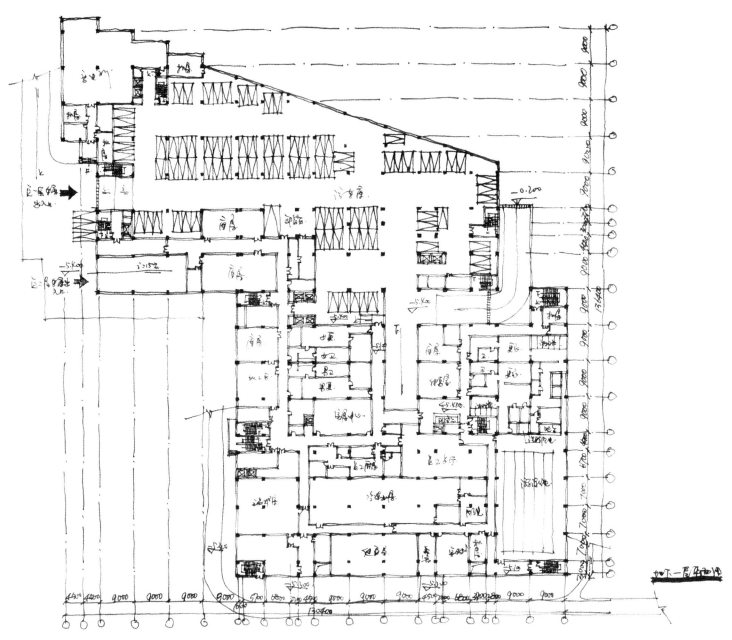

地下层平面图

## 案例15——写字楼立面设计

写字楼立面设计
钢笔，描图纸
设计阶段：
第一稿草图
形体概念构思

### 第一稿草图
经过前期的多次推敲，该建筑的平面布局已经确定下来，但是立面的设计成果一直得不到各方认可，本次设计的任务就是借助草图再次进行建筑的形态设计，解决立面设计中的难点问题。

### 绘制过程：
1.认真阅读塔楼的平面图，熟悉塔楼平面的长、宽比，依照层高和建筑层数计算建筑总高度，画出塔楼的透视轮廓线。

2.仔细阅读裙房平面图，熟悉柱距及总宽度，按照总宽度和总高度的比例画出裙房的透视轮廓线。

3.由于裙房过长，与塔楼的比例不佳，尝试性地将裙房的楼梯间拔高，形成立面的韵律。

4.裙房商场的主要出入口位于建筑的转角部位，在主入口部位采用弧形玻璃幕墙，通过变换形式突出入口空间。

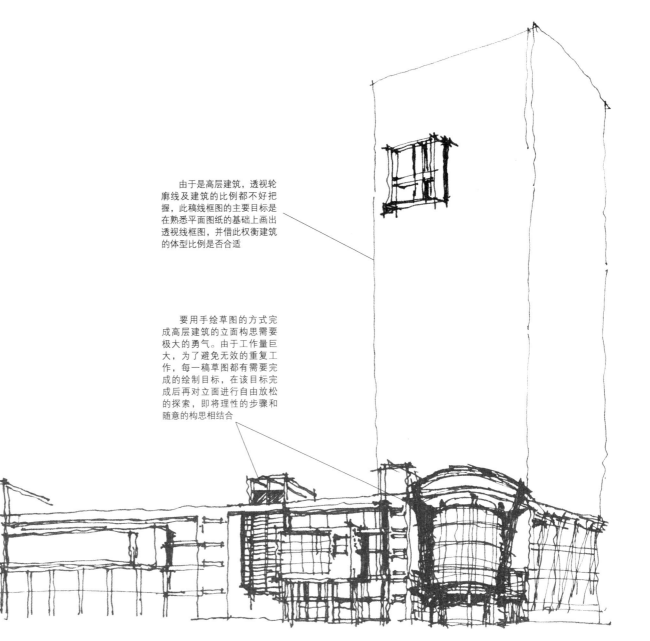

由于是高层建筑，透视轮廓线及建筑的比例都不好把握，此稿线框图的主要目标是在熟悉平面图纸的基础上画出透视线框图，并借此权衡建筑的体型比例是否合适

要用手绘草图的方式完成高层建筑的立面构思需要极大的勇气。由于工作量巨大，为了避免无效的重复工作，每一稿草图都有需要完成的绘制目标，在该目标完成后再对立面进行自由放松的探索，即将理性的步骤和随意的构思相结合

形体概念构思草图

写字楼立面设计
钢笔，描图纸
设计阶段：
第二稿草图
立面设计的深化

先按照开间和层高画出
立面的网格，它们也构成了
立面的肌理。用双线条表示
分隔立面的框架

第二稿草图
前一次草图将透视图的角度、外轮廓线都确定下来，本次草图即在上一稿草图的基础上继续深化立面设计。首先可以在透视轮廓线上点出每层层高及开间的位置，其次可以先按照层高及开间画出立面网格再思考立面的设计细节。

此处是尝试性地改变立面窗户的做法，凹进的窗玻璃和凸出的窗框在立面上形成连续的阴影

用密排的横线条表示玻璃材质的变化

由于过于强调立面元素的协调，整张图纸完成之后建筑立面显得过于统一，缺乏变化

在上一稿草图的基础上简化主入口的设计

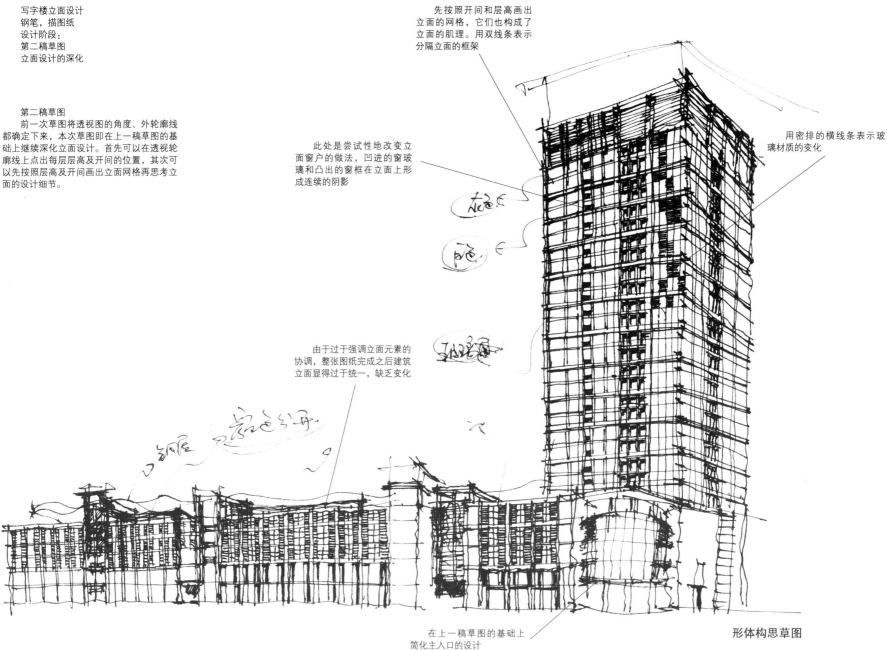

形体构思草图

写字楼立面设计
钢笔，描图纸
设计阶段：
第三稿草图
透视表现图

第三稿草图
第二次草图试图借助建筑的结构网格协调建筑立面的风格，用统一的设计元素对建筑的立面进行简化，这一稿草图则尝试在统一的基础上进行适当的变化，同时增添丰富的细节，使建筑更具表现力。由于是高层建筑，所以画图的工作量巨大，为了避免不必要的重复劳动，在开始动笔之前先对需要改动的地方进行深入思考，并可以在一旁画出小图幅的草图进行探索。

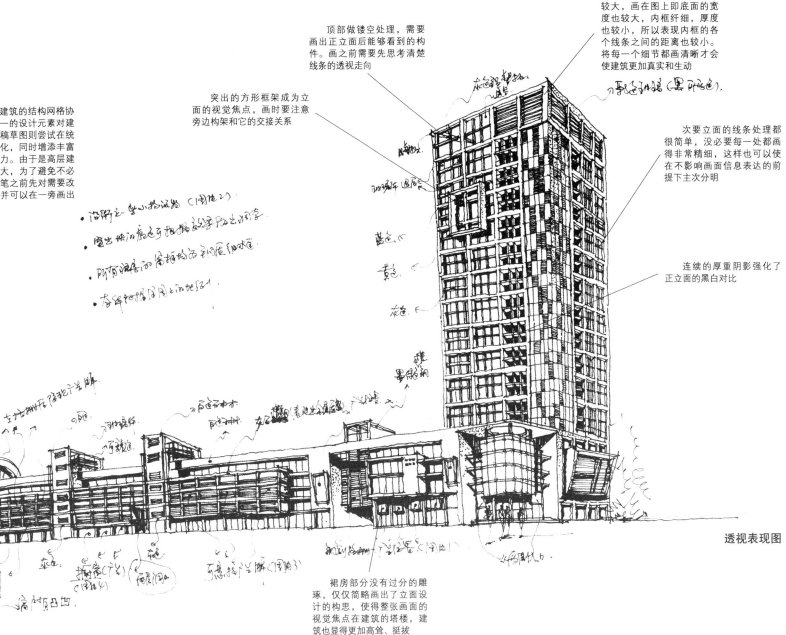

顶部做镂空处理，需要画出正立面后能够看到的构件。画之前需要先思考清楚线条的透视走向

突出的方形框架成为立面的视觉焦点，画时要注意旁边构架和它的交接关系

外框粗大，所以厚度也较大，画在图上即底面的宽度也较大，内框纤细，厚度也较小，所以表现内框的各个线条之间的距离也较小。将每一个细节都画清晰才会使建筑更加真实和生动

次要立面的线条处理都很简单，没必要每一处都画得非常精细，这样也可以使在不影响画面信息表达的前提下主次分明

连续的厚重阴影强化了正立面的黑白对比

裙房部分没有过分的雕琢，仅仅简略画出了立面设计的构思，使得整张画面的视觉焦点在建筑的塔楼，建筑也显得更加高耸、挺拔

透视表现图

233

## 案例16——城市新区邻里中心设计

城市新区邻里中心设计
钢笔, 描图纸
设计阶段:
第一稿草图
总平面概念构思

网格状的铺地表达出了
场地的空间轴线

用网格状的铺地区分出
户外空间和建筑屋顶, 形成
清晰的图底关系

形体构思草图

在场地的转角都对建筑
形态做了特殊处理, 呼应来
自多角度的视线

小河

这组L形的建筑群是社区综合服务中心, 包含了居委
会, 老年大学, 水费、电费、煤气费的缴纳地点等。首先,
预留出临主干道的入口广场, 其次, 依据场地形态画出L形
的外轮廓线, 再次, 依据各个功能的面积划分屋顶平面

设计了一条贯穿建筑的
走廊, 它与广场相连, 增加
了建筑的开放性和可达性

第一稿草图
这是一个建筑群体设计项目, 任务书要
求在该地块上安排商业、行政服务、休闲娱
乐等功能, 营造气氛活跃的户外活动场所,
使之成为周边居民共享的"一站式"城市邻
里中心。首先, 根据地形图进行场地踏勘及
场地分析, 在熟悉场地后对场地的功能分区
及交通系统进行规划, 最后结合空间规划构
想设计各个建筑形态, 形成完整的总平面设
计图纸。

此处为沿河商业街, 画
出形态灵活的屋顶, 形成变
化多样的沿河立面。没有区
分出坡屋顶和平屋顶, 所以
屋顶样式的表达不清晰

场地内有一条小河, 画
出架设其上的小桥, 并画出
沿河绿化, 强调出其线性的
空间形态

234

城市新区邻里中心设计
钢笔，描图纸
设计阶段：
第二稿草图
鸟瞰图

**第二稿草图**

在大尺度的场地上用手绘草图推敲建筑体块是否合适并非手绘草图的优势所在，所以，先用计算机借助SketchUp软件搭建建筑体块模型，并从各个视角对体块和外部空间进行推敲，体块确定后再选择合适的角度打印出来用作手绘草图的底图。由于还处在概念构思阶段，用电脑绘制效果图的工作量巨大，所以使用手绘草图进行建筑形态和外立面设计。

在脑海中构思好建筑的立面风格后先画临主入口广场的建筑。首先区分出建筑外墙的虚实，即用线条表示出玻璃幕墙的位置，再画出实墙面的立面元素。这里的立面元素表达很简单，可以将它们简化为二维形态进行勾画

这幅草图场地大，建筑多，巨大的工作量会为草图的绘制增加压力，也会在提笔时还在犹豫是否使用手绘这种方式。但当工作开始时，笔尖在纸上画出线条，创作的热情会一直将绘制工作推进下去

场地边缘的小型建筑简化处理，只在外墙上画出通长的条形窗

不管工作量大小，始终遵循先画整体后画局部，先画轮廓后画细节，先画主要建筑后画次要建筑的顺序，即整体推进，逐个深入，不要东一笔，西一笔
描画建筑轮廓线不是简单的机械劳动，这时需要结合室外场地和建筑构思对外轮廓线进行局部的调整，如画出突出屋面的上人楼梯间或者增加凸出外墙的建筑体块等

勾画这组大型建筑群体时，重点关注建筑主入口、建筑外墙转角、临道路外墙等部位，在这些地方可以处理得更加灵活，而其他部分则可以简略处理，主次得当

随手勾画出临河小广场上的雕塑，增加图纸趣味。
轻松地画出场地上的树池、小桥、座椅等景观小品，它们可以表达出生动的空间感和设计的细节

鸟瞰图

# 参考文献

[1] 富兰克林·托克. 流水别墅传[M]. 林鹤，译. 北京：清华大学出版社，2009.

[2] 布莱恩·劳森. 设计师怎样思考——解密设计[M]. 杨小东，段炼，译. 北京：机械工业出版社，2009.

[3] 东京大学工学部建筑学科安藤忠雄研究室. 建筑师的20岁[M]. 王静，王建国，费移山，译. 北京：清华大学出版社，2005.

[4] 余人道. 建筑绘图类型与方法图解[M]. 申祖烈，申湘，王芬，等译. 北京：中国建筑工业出版社，2010.

[5] 彼得·福西特. 建筑设计笔记[M]. 林源，译. 北京：中国建筑工业出版社，2004.

[6] 布莱恩·劳森. 设计思维——建筑设计过程解析[M]. 范文兵，范文莉，译. 北京：水利水电出版社，2007.

[7] 乔纳森·安德鲁斯. 德国手绘建筑画——德国建筑工作时综合作品[M]. 王晓倩，译. 沈阳：辽宁科学技术出版社，2005.

[8] 樊振和. 建筑构造原理与设计[M]. 4版. 天津：天津大学出版社，2011.

[9] 单立欣，穆丽丽. 建筑施工图设计[M]. 北京：机械工业出版社，2011.